适老化住宅
设计探究

>>>>> 薛 宇 ◎ 著

郑州大学出版社

图书在版编目（CIP）数据

适老化住宅设计探究 / 薛宇著 . -- 郑州：郑州大
学出版社，2023.3（2024.6重印）
ISBN 978-7-5645-9557-9

Ⅰ.①适… Ⅱ.①薛… Ⅲ.①老年人住宅—建筑设计
—研究—中国 Ⅳ.① TU241.93

中国国家版本馆 CIP 数据核字（2023）第 050175 号

适老化住宅设计探究

SHILAOHUA ZHUZHAI SHEJI TANJIU

选题策划	宋妍妍	封面设计	星辰创意
责任编辑	宋妍妍	版式设计	星辰创意
责任校对	胥丽光	责任监制	李瑞卿

出版发行	郑州大学出版社	地　　址	郑州市大学路 40 号（450052）
出 版 人	孙保营	网　　址	http://www.zzup.cn
经　　销	全国新华书店	发行电话	0371-66966070
印　　制	廊坊市印艺阁数字科技有限公司		
开　　本	710 mm × 1 010 mm　1/16		
印　　张	8.5	字　　数	168 千字
版　　次	2023 年 3 月第 1 版	印　　次	2024 年 6 月第 2 次印刷

| 书　　号 | ISBN 978-7-5645-9557-9 | 定　　价 | 58.00 元 |

本书如有印装质量问题，请与本社调换

前　言

随着社会的发展以及人们生活水平的提高，人们对生活品质的要求在不断提升。老年人作为社会群体的一部分，其生活品质得到了社会的广泛关注。在住宅设计高速发展的今天，住宅建设和房地产开发的适老化住宅设计具有普适性意义。老龄化社会的住宅不仅仅是一种供老年人居住的所谓的"老年住宅"，而且是在广义上满足现代社会每个人居住需求的住宅，即适老化住宅。无论是居家养老还是社区养老，或者是离家进驻养老机构养老，人们对于适老化居住空间环境和设施的需求都在与时俱进。目前为止，居家养老模式依旧是社会中较为普遍的养老方式，但是现有的商品住宅设计多数还是以年轻人的需求为标准，某些方面无法满足老年人的需求，而对适老化住宅室内空间设计的研究，能够帮助改善老年人的生活，对建立和谐舒适的养老模式具有一定的实际意义。

本书从老年人的生理、心理和生活习惯出发，首先，简要说明了适老化住宅室内设计的特殊性，以及适老化住宅的装修要点，内容涵盖室内基础装修设计、软装设计以及收纳设计，使适老化住宅的空间能给予老年人足够的安全感。其次，系统讲解了适老化住宅内部各个空间的设计原则以及家具摆放要点，涉及门厅、起居室、餐厅、卧室等多个内部空间，还有楼梯、电梯等多个公共空间，做到贴合老年人的生活，保障老年人的生活便利。最后，介绍了交互模式下、智慧养老模式下的适老化住宅设计新模式，进一步提升老年人居住空间的舒适性。

适老化住宅是社会发展的产物，是设计师为老年人专门设计构筑的物质空间形式。适老化住宅室内设计是建筑设计的一种延伸与细化，营造适老化的居所，必须符合老年人生理需求，同时满足老年人的心理需求，在进行住宅设计的时候，需要更多地站在老年人的角度思考问题。

本书内容全面，实用性较强，不仅可以给读者普及适老化住宅的知识，还可以供居家养老环境设计、公共设施和居家适老化改造等相关领域的专业人士阅读与参考。

作者

CONTENTS 目 录

1

第一章　适老化住宅室内设计基础

　　老年人在生理、心理和行为等方面所表现出来的特殊状态称为老年特征。进入老年阶段，人体的生理机能会产生一定变化，如体表外形改变、器官功能下降、机体调节作用降低等。同时，老年人退休后，随着生活范围从社会转为家庭，其生活重心亦从工作转为休闲、养老，接触的人从以同事为主转为以家人、社区居民为主。这些变化会使老年人的生活需要与其他年龄段的人有所不同，其行为习惯和心理状态也会有所改变。

　　在进行老年住宅设计之前，首先需要深入了解老年人特殊的生理、心理特征和行为特点。在此基础上，才能在基础装修、软装、收纳方面进行有针对性的、合理的设计。

第一节　老年人特征与居住环境需求

一、老年人的生理特点与居住环境需求

　　进入老年阶段后，人的身体各部位机能均开始出现不同程度的退行性变化，对内外环境适应能力也随之逐渐减退，医学上称之为生理衰老。一般来说，女性60岁以上、男性65岁以上开始出现生理衰老的现象，随着老年人年龄的增长，其生理机能和形态上的退化逐渐加剧。

　　首先，人体结构成分发生变化。老年人身体水分减少、脂肪增多、细胞数量减少、器官重量减轻，由此导致器官功能下降，出现动作缓慢、反应迟钝、适应能力降低和抵抗能力减退等现象。其中，脑重减轻还会带来一系列神经系统的退化症状。

　　其次，人体代谢平衡失调。老年人肝、肾功能降低，罹患糖尿病、高血压、

高血脂、动脉粥样硬化等慢性疾病的比例增高，便秘和尿频的现象也十分常见。同时，人体骨密度降低，骨骼的弹性和韧性减低、脆性增加，易出现骨质疏松症，极易发生骨折。

最后，对内外环境变化的适应能力下降。老年人进行体力活动时易心慌气短，活动后恢复时间延长。特别是由于免疫系统功能衰退，对冷、热的适应能力减弱，身体内环境的稳定性较年轻人差。

老年人的生理衰老对其生活需求和行为特点将产生重要影响，其中感觉机能、神经系统、运动系统和免疫机能等方面的退化与居住环境的设计息息相关。

（一）感觉机能退化

人体的感觉机能包含视觉、听觉、触觉、味觉和嗅觉等，是人体接收外界环境信息的主要方式。进入老年阶段后，往往最先视觉和听觉开始衰退，随后其他感觉机能也逐渐衰退。感觉机能衰退会影响老年人对周围环境信息的收集，进而使其对环境的反应能力变差。

1. 视觉衰退

老年人的眼晶状体弹力下降，睫状肌调节能力减退，视网膜细胞数逐渐减少，会出现视觉模糊、视力下降等视觉衰退现象，尤其是近距离视物模糊，俗称老花眼。同时老年人眼部疾病的发生概率也会明显增加，青光眼、白内障、黄斑变性等是老年人常见的视觉疾病，严重者还会出现夜盲或失明。视觉衰退会导致老年人对形象、颜色的辨识能力下降，对于细小物体分辨困难。

视觉衰退所带来的障碍应通过对老年人居住空间进行针对性的设计加以改善，如通过合理布置光源、增加夜间照明灯具等方式提高室内亮度；采用大号按键开关，加大标识牌的图案、文字，提高背景与文字的色彩对比度，使其更容易辨认，从而帮助老年人在居住环境中获得更加舒适的视觉感受，提高安全性和方便性。

2. 听觉衰退

老年人由于听觉器官退化而引发的听不清或听不到的现象极为普遍。同时，老年性耳聋的发病比例也较高，临床表现除了低频分辨困难、快语频分辨困难、响度重振、言语识别与纯音分辨困难外，往往还伴有眩晕、嗜睡、耳鸣和脾气比较偏执等表现。

听不清或听不到会对老年人的生活带来一定的影响，严重者甚至会造成危险。

如：听不到电话或门铃声，一般只会影响老年人的对外交流；而听不到煮饭、烧水的声音，甚至报警的铃声，则可能使老年人处于危险的境地。对于独居老年人而言，听觉衰退所带来的危险性会更大。

针对老年人听觉衰退的特征，在设计老年住宅时，可通过增加灯光或振动提示、采用有视觉信号的报警装置等方式，利用其他感官来弥补听觉障碍。此外，确保住宅室内视线的畅通也可以辅助老年人了解周围环境的状况，从而保障其安全。

3. 触觉、味觉和嗅觉衰退

进入老年阶段后，人的触觉、味觉和嗅觉也会出现不同程度的衰退。触觉功能退化会导致老年人对冷热变得不敏感，被擦伤、烫伤时不能及时察觉到；味觉功能退化会导致老年人吃东西没有什么味道，影响食欲进而影响身体健康；嗅觉功能退化会导致老年人对空气中的异味或有害气体不敏感，严重的会造成煤气中毒等危险发生。

针对老年人的触觉、味觉和嗅觉衰退，在空间布局、家具形式和设备选型等方面均应当进行考虑，如加强室内通风设计、采用具有自动熄灭保护装置的灶具或无明火的电磁炉等，避免由于居住环境中的不当设置而对老年人产生潜在伤害。

（二）神经系统退化

神经系统退化的主要生理原因是神经细胞数量减少，脑重减轻。人脑细胞自30岁以后开始呈递减趋势，至60岁以上减少量尤其显著，到75岁以上时可降至年轻时的60%左右。同时，脑血管逐渐发生硬化，脑血流阻力加大引起脑供血不足，氧及营养素的利用率下降，脑功能逐渐衰退。神经系统退化会带来一定的神经系统症状、情绪变化及某些精神症状，主要表现如下。

1. 记忆力减退

老年人神经系统退化的突出表现是健忘，特别是对于近期的事情记忆力较差。由于记忆力减退，老年人常常会忘记物品的存放位置，或者忘记正在烧水做饭，并可能由此引发失火等事故。

针对老年人记忆力下降的问题，在住宅设计中应提供明显的提示。如：适当采用敞开化的储物形式或多设置台面，以便放置老年人的常用物品，使其能方便地看到；选择定时熄火的灶具，避免因忘记熄火而发生危险。

2. 适应能力下降

老年人适应新环境的能力较弱，往往倾向于生活在比较熟悉的环境中，其生理原因在于神经系统的退化，对事物反应迟钝，认知能力下降。这些变化会导致老年人的心理安全感和自信心降低，对新的事物不敢去尝试。此外，老年人对突发情况的反应速度慢，出现危险情况时不能及时有效地处理。

3. 出现失智症状

近年来老年人口中罹患阿尔茨海默病及其他类型失智症的比率逐渐升高，这些疾病多为脑部神经退行性病变，以老年期发生的慢性进行性认知及行为能力衰退为主要表现。

老年人患失智症的早期症状多为近事遗忘、性格改变、多疑、睡眠昼夜节律紊乱，进一步发展为远近记忆均受损，出现计算力、定向力和判断力障碍。除此之外，由于受环境的影响，患失智症的老年人还可能继发一定的精神行为症状。如在生活中往往会表现为主动性减少、情感淡漠或失控、抑郁、不安、兴奋、失眠、幻觉、妄想、徘徊、无意义多动、自言自语或大声说话、不洁行为和攻击倾向等。

失智症对老年人的生活影响极大，患者往往连自己非常熟悉的环境也难以辨别，容易发生走失现象。同时，患者丧失了空间判断能力，难以区分室内外空间、地平变化和色彩变化，心理非常恐慌。此外，昼夜颠倒和生活节奏的变化使患者的生活规律常常与家人不同，夜间起床活动，会严重干扰他人生活，也容易因为无人照料而发生危险。因此，中重度失智老年人往往对护理有较高的需求。

随着病程的发展，很多失智老年人逐渐丧失生活自理能力，需要专人看护。因此，在住宅设计中需要加强各空间之间的联系，通过增加开敞空间、增设观察窗等方法，方便看护人员与老年人的随时沟通，既可以提高老年人的心理安全感，保证老年人的安全，又可以方便看护人员照料患者，减轻其工作强度。

针对老年人认知能力下降的问题，住宅室内外环境的设计应易于识别，避免出现过于复杂和曲折的路径，以免造成老年人的认知困难。

（三）运动系统退化

老年人运动系统退化的生理原因是运动神经退化、肌肉细胞减少、关节磨损、骨骼老化和骨钙流失等，一般表现如下。

1. 肢体灵活度降低

随着运动神经的退化和肌腱、韧带的逐渐萎缩僵硬，老年人的肢体灵活程度以及控制能力减退，容易患上肩周炎、关节炎。老年人行动及反应速度变慢，在生活中常常出现动作迟缓、反应迟钝的现象。同时，由于肢体活动幅度减小，在做抬腿、下蹲、弯腰和手臂伸展等常规动作时会产生困难。此外，老年人普遍身长缩短，对其动作幅度也会有一定的影响。

2. 肌肉力量下降

蛋白代谢失衡导致老年人肌肉细胞减少、活力降低，出现肌肉萎缩、强度下降、弹性降低的现象。老年人肌肉力量下降、耐力降低、易疲劳，在从事重体力劳动、长时间运动、上下楼梯、拿取重物等活动时均会出现困难。

3. 骨骼变脆，易骨折

由于骨密度降低，老年人的骨骼逐渐变脆，骨骼弹性、韧性和再生能力降低，易患上骨质增生和骨质疏松症等疾病，不能剧烈运动和负重。骨质疏松症患者易出现驼背，极易发生骨折且不易恢复，甚至丧失行走的能力。

针对老年人运动系统的退化，设计师在进行老年住宅设计时，应重点做好地面的防滑处理，避免细小高差，在重点部位安装扶手等，保证老年人的起居安全。同时，还需要在家具形式、尺度和放置方式以及设施选型等方面进行针对性的考虑，如适当降低厨房操作台面的高度、选用较硬的沙发或床具、采用压杆式水龙头和门把手、选用小巧轻盈的分体式家具、增加中部高度储藏空间的利用等，以方便老年人使用。

（四）免疫机能退化

免疫机能退化是人体多种系统退化的综合表现，老年人对环境的适应能力减弱，健康状况容易受到环境的影响，对于温度、湿度等气候变化的抵抗力下降，抵御流感等传染病的能力下降，往往是流行性疾病的易感人群。此外，老年人患有风湿病、高血压、心脑血管等慢性疾病的比例较高，常常会因为一些感冒着凉等不起眼的小病，导致慢性疾病的复发和加重。

由于老年人免疫机能的退化，其生活方式也会有相应的改变，老年人应当更加注意生活的规律性和健康性，居住环境也需要对其提供相应的保障。

通常老年人在家中生活的时间较长，对于日照的要求较年轻人更高，因此住宅的采光设计非常重要，主要生活空间应尽量争取好的朝向。

老年人身体冷热调节的能力降低，汗液排放功能差，长时间生活在闷热不通风或潮湿的空间易引发心脑血管疾病、呼吸系统疾病和关节炎等的急性发作；而长时间使用空调又容易引发感冒，因此老年人的住宅应尽量自然通风，通过合理的风路组织，改善室内的空气环境，为老年人营造健康舒适的居家环境。

此外，在住宅设计中还可考虑在户内安排适宜的空间，以便把一些户外活动移入室内进行，如在老年住宅中设置阳光室，老年人在这里活动可享有与室外相近的日照条件，还可避免刮风、雨雪、雾霾等恶劣天气对其生活的影响，防止因温度和湿度变化而引发感冒等疾病。

老年人的生理变化虽然细微，但这些变化对老年人生活的影响却不容忽视。除上述主要表现以外，老年人呼吸系统、消化系统、泌尿系统和内分泌系统的退化也会对其起居生活带来一定的影响。如老年人常患有消化系统疾病和痔疮，因此洁具最好选择白色，方便其随时能发现出血和病情变化。此外，尿频尿急也是老年人的常患病，因此，住宅中的卫生间宜与老年人卧室就近设置，方便其使用。同时，老年人的生理特点常常会引发他们心理上的变化，而生理健康、生活自理亦会使他们对生活充满信心，保持良好的心理状态。

二、老年人的心理特点与居住环境需求

老年人的心理变化及所表现出来的行为特征，是由其自身的生理因素及外部社会环境共同引起的，主要呈现以下特点。

第一，心理安全感下降。老年人生理机能的退化会对其心理活动造成一定的影响，产生衰老感，主要表现为心理安全感下降。老年人对于居住环境中的不安全因素较为敏感，总是担心会发生磕碰、滑倒现象，又担心突发疾病无人救助。

第二，适应能力减弱。老年人往往因为害怕得病、害怕适应新环境而不愿出门、不愿与人接触，时间久了则会产生"与世隔绝"之感，使其适应能力进一步减弱。

第三，出现失落感和自卑感。老年人从工作岗位退休实际上是一次与社会剥离的过程，退休后的老年人社会交往活动大大减少，主要活动范围也从社会转移到家庭，这种社会角色的变换导致其生活方式发生变化，破坏了老年人的心理平衡，会出现失落感和自卑感。同时，随着老年人身体机能的衰退，自理能力的降低进一步使老年人产生"没用了"的自卑感。

第四，出现孤独感和空虚感。由于中国当代家庭结构的变化，老年人与子女交流的机会大大减少，独居老年人的比例上升，老年人常常感到孤独与空虚。从前热闹的家庭突然变得冷清，如果再发生丧偶，则生活会变得更加孤独和无助。

针对老年人心理特点，住宅设计中应重点从以下几个方面予以关注。

（一）提高安全感

随着生理机能的退化，老年人对居住环境的适应能力逐渐降低，心理安全感逐渐下降。在老年住宅设计中应当通过强化无障碍设计，安装防火防盗和报警设备，改善空间设计，合理选择暖色调和质地温和的建筑材料等手段，为老年人提供更具安全感的居住环境。同时，在规划中对老年住宅就近布置医疗和服务设施，亦有利于提高老年人的安全感。

（二）增强归属感

老年人怕寂寞，喜欢融入群体和社会之中，希望在群体和社会中得到认可，获得归属感。在老年住宅设计中，应注重创造家庭团聚空间，使老年人能够融入家庭群体当中，尤其对于轮椅老年人，可在起居室的座席区及餐厅的餐桌旁留出可供轮椅停放的空间，以便老年人能够较为舒适地参加家庭集体活动。同时，老年住宅设计中，还应考虑设置老年人与外界交流的空间，如面向室外公共场地的阳台和窗边空间就非常适合老年人使用，使老年人可以看到室外人们的活动，增强其与外界生活的联系，获得归属感。

（三）创造邻里感

对于经常赋闲在家的老年人来说，社会交往对象往往以同一小区的老年人为主。因此，在老年人居住环境中创造适于他们交流的空间对保证其心理健康非常重要。为了方便老年人之间的交往，住宅设计中除了应在户外设置适宜老年人活动交流的场地和社区用房以外，在住宅楼栋内部也应努力创造适合老年人邻里之间交流的空间，如利用公共走廊设置一定的交往空间，相邻两户阳台之间的隔墙设计成半通透的效果等，有利于创造邻里交流的机会，促进邻里互助环境的形成。

（四）营造舒适感

由于老年人的生活主要围绕住宅开展，其对住宅室内外空间的舒适感要求较高。室外要有丰富的庭院绿化景观、宜人的交往空间、便利的医疗条件及服务等；室内则不仅要有合理的空间布局、适宜的居室尺度与形状、良好的朝向，还应提供空气清新、没有污染及异味、阳光充足、安静少噪声、适宜的温度与湿度等物理条件，为老年人的居住营造舒适感。

（五）保障私密感

在综合考虑老年人与家中其他成员间有适当的声音、视线联系，以保证老年人在有需要时能及时得到帮助和照顾的前提下，还要考虑老年人对私密性的心理需求，尽量为其提供安静、稳定的休息空间。

从某种意义上来说，老年人的心理与生理是相互影响的，心理健康与否会影响其生理机能的退化进程，老年人的心理变化如果疏导不当，会对其身体健康不利，焦虑、猜疑、嫉妒和情绪不稳定是老年人常见的负面心理现象，严重的还会患上老年抑郁症。住宅作为老年人最主要的生活空间，良好的居住环境设计对提高其心理健康水平具有重要的意义。

三、老年人的生活习惯与居住环境需求

老年人的日常生活特点与其身体条件、经济条件、文化背景、生活环境和兴趣爱好等密切相关。目前，越来越多的中国老年人选择独立居住，家务劳动的简化、经济和文化水平的提高为其生活带来了较大的变化。老年人的生活自主性提高、自由时间增多、活动范围扩大、可从事的活动日益丰富，呈现多元化的特点。一般来说，老年人的日常活动形式主要有以下几类。

第一，与健康养生有关的活动。如晒太阳、散步、慢跑、爬山、打太极拳、打乒乓球、练剑、练操、跳舞、放风筝等。

第二，与休闲娱乐有关的活动。如看书、看报、下棋、上网、打扑克、搓麻将、养花、养宠物、写书法、画画、唱歌、唱戏等。

第三，与家居生活有关的活动。如买菜、做饭等家务劳动和带孩子等。

第四，与社会工作有关的活动。如部分老年人退而不休，继续从事写作、学习、咨询等工作。

在上述活动中，除了部分与锻炼有关的活动主要集中在室外，其余活动则主要在室内进行。因此，老年住宅设计需要为这些活动提供合适的空间环境。老年人的日常生活可以概括为以下几个特点。

（一）长期性与规律性

老年人每日的活动计划相对固定，有较强的规律性。由于老年人一般早睡早起，所以其外出活动的时间以早晨和上午居多，中国老年人习惯午睡，所以下午外出时间大多较晚。因此，住宅的朝向、方位应该根据老年人在家生活的时间进

行确定，保证老年人在家也可以晒到太阳。

同时，老年人定时起居、定时外出有利于身心健康，生活的规律性还可以使他们的日常活动流程化，在住宅中按照生活流程合理安排家具和设备的摆放位置，可以简化老年人的活动流线。此外，老年住宅设计还应该考虑长期性的使用需要，保证其物品有足够的收纳空间，维持老年人熟悉的物品摆设方式，方便其认知与使用。

（二）私密性与集聚性

老年人的日常生活既需要保证一定的私密性，又需要扩展一定的集聚性。

首先，老年人退休在家，摆脱了以往熙熙攘攘的社会活动，很多人都希望有一定的独处空间，做一些自己想做的事。老年人性格各异、爱好多样，即使在同一个家庭中，夫妇二人也可能一个喜静、一个喜动，有些老年人并不喜欢参加伴侣或家人的活动。因此，住宅设计中应该针对这一特点注意做好内外、动静分区，为老年人提供一定的安静空间。

其次，为了保证老年人的身心健康，必要的社会活动是值得鼓励的。因此，可以结合老年人的爱好和各自的社会背景、文化层次、年龄高低及健康状况等因素，开展一些具有集聚性特点的活动，如打扑克、打麻将、下棋等。老年人通过这些活动彼此交流、相互关照，形成相对紧密的集体，如老龄棋友、牌友、遛鸟伙伴、戏曲票友等，增强其与社会的联系。在住宅设计中亦应提供一定的活动空间，方便老年人灵活使用，但应注意其与家庭内部的生活空间适当分开，以免干扰家人的日常生活。

（三）个性化与共性化

老年人日常生活往往呈现个性与共性并存的特点。上文提到老年人喜爱从事的活动具有较强的共性，对于住宅空间的要求也存在普遍意义。然而，老年人的家庭结构、性格特点和生活习惯又呈现个性化的特点，是否与子女同住、是否喜欢集体活动以及不同地域的生活习惯差异等，均会对老年人的日常生活带来影响。因此，住宅设计应该具有一定的灵活性，方便老年人根据自己的生活特点进行布置和改造。

（四）退行性与渐变性

老年人的日常生活与其身体条件密切相关。总体来说，随着年龄的进一步增长，老年人的自理能力逐渐下降，其日常生活也呈现退行性和渐变性的特点。如行走能力往往从健步如飞逐渐变得动作迟缓；从独立行走转为需要借助拐棍、轮椅乃至卧床。针对这一特点，老年人的居住空间应该具有一定的灵活性，以便根据老年人身体状况和生活需求的变化适时进行改造。

第二节　适老化住宅室内设计的特殊性

公共设施和居住空间的优化创新是当前社会城市化建设的基本要求，在进行住宅室内设计时对于老年人的出行、休闲等各方面要加强细节的优化，保障老年人生命安全的同时，还要具有足够的舒适感和适当的科技感。

适老化设计是指符合老年群体心理、生理特点，满足老年人精神需求的设计。设计对象为老年人，目的是通过设计较好地应对老年人身体机能老化引发的行动障碍，延缓老年人的衰老进程，缓解老年人的消极情绪，为老年人创造良好的生活环境。

现代建筑室内设计要根据老年人的相关特点进行技术的优化和结构的创新，从而使得室内空间具备适老化特点。养老院的出现满足了一部分老年人基本的生活需求，但是却缺乏子女的陪伴。因此，应打造"家庭养老院"式的室内空间，从社区功能到楼梯设计，再到室内的装潢设计等，不断提高老年人的居住质量。

一、适老化住宅室内设计的依据

（一）老年人体基本尺度

人体工学是研究人体多种行为状态所占空间的尺度，从而科学地确定人的活动空间尺度和环境的学科，是建筑设计普遍应用的依据。设计师在设计老年人的住宅时，应结合老年人体固有的尺寸数据加以研究，才能深入、细致地设计出科学化、无障碍的老年人居住空间。我国现有的老年人建筑设计参照指标最初大多采用的是欧美的人体工学数据，近几年则改为采用同为亚洲人种的日本的测量数据。虽然日本人体尺度比欧美人体尺度更为接近我国的人体尺度指标，但依然不完全符合我国的老年人体特点。清华大学建筑学院教授周燕珉女士、清华大学建筑学院老年人建筑研究课题组，根据老年医学研究，经过精细化和标准化的测量得出了我国老年人体工学尺度数据，为我国老年人住宅室内设计提供了相关的科学依据。

（二）老年借助者尺度

老年人从完全自理阶段过渡到借助阶段，由于生理功能的衰退老化，身体不能长时间独立行走，需要借助拐杖和轮椅等辅助工具进行代步。老年人在使用不同类型的助行器时，会需要不同尺寸大小的移动空间，这时需要的通行空间会比身体健康可独立行走的老年人的通行空间略宽。

对生活中需要借助轮椅的老年人来说，他们所需要的空间范围会更大一些。在设计老年人居住空间时要充分考虑到轮椅使用者上肢的活动范围和轮椅通行及转弯所需的空间面积，确保老年人活动空间的无障碍性。

二、适老化住宅对内装的特殊要求

（一）老年人对安全便利的要求高于美观要求

对于年轻人而言，也许会将美观或经济等要求作为住宅内装时的首要考虑因素。而对于老年人来说，安全环保是第一位的，所以老年住宅内装的几个关键因素的先后排序为：① 安全；② 便利；③ 经济；④ 美观。

（二）老年人对室内装修材料的特殊要求

刺激性强的油漆、胶黏剂容易引发老年人呼吸系统的疾病，装修材料应尽量选择添加剂少的天然材料，如天然的纸质壁纸透气性和环保性均优于化纤材质，更有利于老年人的健康；老年人畏寒，对内装材料的需求更倾向于明快的色调和温暖的触感；老年人视力下降，对色彩明暗的辨别能力逐渐衰退，住宅中的楼梯、地面高差等部位，须通过内装加强色彩对比度来提示；老年人体力衰退，应减轻其打扫等家务负担，室内装修材料的表面质感不宜过于粗糙，以免积灰藏垢难以清洁。

三、考虑设施设备专用性和通用性的平衡

老年人居住空间中常需要设置扶手等辅助性的设施，以保障老年人活动时安全便利。同时，应注意这些设施不要与住宅中必要家具的摆放相冲突，并应协调老年人专用和与家人通用之间的平衡，避免因专门考虑老年人的需求而造成其他人使用不便。

（一）扶手可由家具替代

在住宅中可为腿脚不便的老年人设置一些扶手，为其提供可撑扶的条件，但

住宅空间往往有限，大量设置扶手有可能影响家具的摆放。针对这种情况可详细了解老年人日常活动时需要撑扶的位置，因地制宜地进行设置。部分扶手的功能可由家具或其他设施替代。如书桌、窗台等可兼有撑扶功能，浴室浴巾杆可兼作扶手等。应注意扶手的替代物必须具备相当的稳固性，避免老年人在用力撑扶或拉拽时发生危险。

（二）台面高度宜兼顾不同的使用者

厨房的操作台面与卫生间盥洗台面的高度，通常需要考虑老年人和家人的共用问题。根据我国人口的平均身高，常规厨房操作台面的高度为 800 ~ 850 mm；卫生间盥洗台面的高度为 750 ~ 850 mm。有些家庭中老年人已处于长期卧床的状态，厨房和卫生间的主要使用者是家人或护理人员时，设备采用常规尺寸即可；而有些老年人可以正常走动或乘坐轮椅活动，会与家人合用这些设备，这就需要考虑台面高度对大家的均适性，从而采取折中的高度。当然如能做成可升降式台面则最为理想。

（三）家电设备应方便共用

卫生间的浴霸如果考虑老年人与其他家人共用，宜选择光暖和风暖两用的款型。老年人通常怕风，在洗浴时适合采用浴霸上的烤灯取暖；低幼儿童则不耐受过强的光线，洗浴时可关掉烤灯，选用风暖。这样只要一款加热设备就可以同时适用于不同年龄阶段的家人。

此外微波炉、冰箱等家电的位置不宜设置得过高，以便站立的老年人和乘坐轮椅的老年人都能舒适地使用。

第三节　适老化住宅室内基础装修要点

住宅室内装修一般可分为基础硬装和后期软装。前者主要是从整体空间的角度，对顶、墙、地三大界面进行表面处理；后者则深化到室内家具及陈设等层面。老年住宅的室内装修设计，宜根据老年人的身心特点对这两个部分加以综合考虑。本节主要探讨老年住宅室内基础装修要点。

住宅中各生活空间如起居室、卧室、书房、餐厅等，对顶、墙、地三大界面的处理要求基本一致，而厨房和卫生间属于用水较多的空间，阳台和门厅则是室内与室外的过渡性空间。各个界面的材质选用及造型处理有一些特殊要求，各空间具体要求如下。

一、材质

（一）顶面

1. 提高安全性和反光系数

住宅室内顶面材质以自重小、反光度高且反光柔和、便于施工、吸声耐污为宜。避免易碎、易脱落的材质给老年人带来安全隐患。

2. 卧室顶面避免使用光亮材料

老年人在卧室仰卧休息时会看到顶面，因此不宜采用反光强烈的材质，如镜面。其他生活空间如客厅、餐厅通常也以漫反射材质为宜，使空间效果宁静柔和。

常用材质：石膏板、乳胶漆类涂料等。

3. 厨房、卫生间顶面材质应防潮、耐污

厨房、卫生间顶面须防水防潮，防止凝露滴水；耐污易擦拭，避免积垢。滋生细菌；要求材质自重较轻，发生意外掉落时不致对老年人造成较大伤害。

常用材质：金属板（不锈钢板、铝合金板、镀锌钢板等）、PVC板以及防水涂料等。

（二）墙面

1. 墙面材质应耐脏可擦拭

老年人换鞋、进出门及上下台阶时，为保持身体平衡常需撑扶着墙面，所以像墙体阳角，门边、台阶侧墙等关键部位，应使老年人能够放心地用手撑扶，不必担心墙面被弄脏。可采用防污壁纸、易擦拭的防水乳胶漆等材料，或用木质材料做门套、护角、护墙。

2. 卧室、起居室墙面材质应舒适宜人

卧室、起居室等生活空间的墙面应反光柔和，无眩光；手感温润，无冷硬感。

墙面常用材质有乳胶漆、壁纸（布）、木质材料等。在选用各类材质时应注意产品质量及性能要符合老年人的要求，如可选用透气性较好的、以天然材质为主的壁纸，而不宜选用化纤材质的壁纸；墙面怕磕碰的位置可局部使用安全材料制

作护角，床头、床边的墙面可使用软包，既温馨又可防止老年人不慎碰撞。

3. 厨房、卫生间及阳台墙面材质主要考虑卫生性

厨卫及阳台空间墙面有防水防潮、耐污易洁、避免眩光的要求。常用材质有石材、瓷砖等。

厨房墙面容易积油垢，墙面材质的拼缝不宜过多，尤其是炉灶附近，应以较大片的耐高温、易擦拭的材料为佳，如大片面砖、整片不锈钢板等为好。有时卫生间、阳台墙面为了追求某种视觉效果，采用肌理起伏明显的材质，但容易挂灰积垢，又有剐蹭的危险，对老年人不适用。有些卫生间、厨房墙面选用凸出过多或锐利的装饰腰线，容易造成老年人意外磕碰，尤其是对于乘坐轮椅的老年人，腰线高度正好在老年人头部的位置，更加危险。

（三）地面

1. 地面材质应使老年人安全舒适

起居室、卧室等生活空间地面通常要求做到以下几点：①脚感温暖，使老年人感觉舒适；②硬度适中，使老年人行走不累；③防滑防涩，确保老年人日常活动的安全；④易清洁，减轻老年人的家务负担。

2. 地面材质应避免产生眩光

地面材质过于光洁，容易产生反射眩光，对老年人视觉有影响。如常用于起居空间的光面全瓷玻化地砖，具有表面致密、便于清洁打理、观感整洁光亮的特点，但却可能使老年人心理上产生"怕滑，不敢走"的担忧。地面某些角度在光照下会产生刺眼的反射眩光，可能带来安全隐患。

3. 老年住宅内慎用地毯

有些人喜欢地毯温暖柔软的脚感，将其用于居室生活区的地面。但在老年人的生活空间中需要慎用。

在老年住宅中，不宜选择过厚过软的地毯，以免老年人行走时感觉脚下不踏实；在厚而软的地毯上驱动轮椅比较吃力，所以也不利于乘坐轮椅的老年人使用。比较厚的地毯还影响家具摆放的稳定性，尤其是局部铺设地毯，有时家具的底座一部分落在地毯上，一部分落在地毯外，高低不平，会造成安全隐患。

铺设地毯特别是局部铺设小块地毯或脚垫时，应使地毯与地面贴合紧密，避免局部鼓起、卷边和轻易移位。在潮湿地区由于空气湿度大，地毯容易受潮而滋生尘螨等，不利于居室卫生，应避免使用。

4. 起居室、卧室的地面材质应有弹性、耐磨损

起居室、卧室的地面材质应有适当的弹性，老年人不慎跌倒后不至于造成大的伤害。适宜的材质有软木地板、弹性卷材、实木地板、复合实木地板等。

考虑到一些老年人有乘坐轮椅的需求，起居室和卧室地面材质还应抗压耐磨，可选用地面砖、强化复合地板等材质。

有些老年住宅采用地面辐射采暖以提高居住舒适度，应注意选择耐热性和导热功效好的铺地材质，如地热专用地板等。

5. 厨房、卫生间及阳台地面材质的选择要点

由于厨房、卫生间用水较多，地面应选用质地致密、防水防潮、耐污易洁的材料，如石材、地砖等。对老年人而言，尤其应保证即使地面沾水后仍能有效防滑。

厨房地面材料重在防污，应避免选用表面纹理凹凸过大的砖材，以免容易积垢。

卫生间考虑找坡排水的要求，地面单片材料的尺寸不宜过大，以 300 ~ 400 mm 见方为宜。但也不宜采用马赛克类勾缝过多、不易清洁的材质。

阳台地面材质不宜过于光亮，避免有强烈的反光。

二、色彩图案

（一）顶面

1. 建议选用白色调顶面色彩

住宅顶面色彩通常不宜过重，避免使老年人感到压抑。浅色调的顶面还有一个重要功能是可对顶灯光线以及自然光照进行漫反射，增加居室空间的亮度。对于光线反射效率最高的白色可作为常规选择。

2. 不宜选择复杂的顶面图案

有些住宅内装时会在顶部贴壁纸或做石膏花饰，对于老年人而言，不宜选择过于繁杂的花色装饰，以免带来混乱和不安定感。

（二）墙面

1. 应选择高明度低纯度的墙面色彩

墙面在室内所占比例较大，色彩选择应慎重。在老年人居室中，墙面以高明度的浅色调为佳。浅色调墙面反光度较高，有助于保证室内的亮度，为老年人的

活动提供方便。另外，浅色调的墙面作为门扇、家具的背景，容易衬托出家具的轮廓，便于老年人辨识，防止误撞。

老年人多数好静，墙面色彩应以营造柔和宁静的空间气氛为主，通常不宜选用纯度过高的色彩。

2. 应避免墙面图案引起老年人误解或不适

下列为图案选择中的常见错误：①具有视幻效果的墙面图案，如条格、螺旋线、三维立体图案等，可引起老年人视错觉，误以为图案变形或流动，而产生不安定感；②过于细碎或色彩反差过大的图案，会使老年人感到烦躁；③图底关系不明晰的图案，容易被视力欠佳的老年人误认为是蚊虫或污渍。

（三）地面

应避免地面色彩及图案引起老年人错视。

地面材质的色彩纯度和对比度均不宜过大，以免对老年人形成强烈的视觉刺激，尤其是不宜选择一些有立体感或流动感的纹理，避免使老年人误认为地面有高差或眩晕而不敢行走。

三、造型

（一）顶面

1. 应减少不必要的吊顶造型

老年人通常喜欢顶部高敞的感觉，住宅中应尽量保证空间有适宜的高度，减少不必要的吊顶。如果顶部必须遮掩管线、风口或者暗藏灯具等，也最好只做局部吊顶，以免使空间显得压抑。

2. 空调风口勿朝向老年人长时活动的区域

当室内采用中央空调系统时，顶面设计应重点考虑空调出风口的位置，出风方向避免直吹老年人长时间坐、卧的区域，如卧室中出风口应避免直接朝向床头。

（二）墙面

1. 应避免墙面有尖锐突出的造型

在老年住宅中，墙面以及老年人走动必经的转角处，尽量不要有尖锐突出的造型，以免老年人不慎刮擦或磕碰。

2.可在常经过的墙体阳角处设置护角

老年人经常路过的墙体阳角处往往因为老年人经常手扶而弄脏，或因搬运家具时撞到而损坏墙体，宜设置护角。护角应为圆角或钝角，以避免老年人误撞到护角而受伤。

3.宜在墙体近地处设置防护板

在可能使用轮椅的住宅中，距地 350 mm 高度以下的墙面宜设置防撞板，主要考虑避免轮椅脚踏板的冲撞损坏墙体。

餐厅等处墙面常会被蹭脏，可设置防污的护墙板或油漆墙裙，以保持墙面清洁。

（三）地面

1.应保证地面材质变换时完成面持平

地面材质变换时，收口处宜尽量保持平整，避免高差。比如许多住宅的门厅与起居室空间是相互连通的，门厅地面有防污要求，通常可选用地砖，而起居室则可能选用强化地板，二者厚度有别，铺装方法不同，铺装之后通常会有高差。常见的处理方法有：门厅地面局部除去一定厚度的面层再铺设地砖，或提高起居室强化地板的铺装高度，使二者最终的完成面持平。

2.慎用一步高差的地台、踏步

一些家庭为追求居室空间的变化，在装修时喜欢做 1～2 步高差的地台，然而较矮的地台及 1～2 级的踏步，往往因人视野向前时忽略脚下，易致使老年人绊倒或踏空，在老年住宅中需慎用这种做法。

如果居室地面已经做了这样的造型并不宜进行改造，可使用对比鲜明的色调将其与地面区分开，或者用色带提示踏步的边沿和地台的轮廓，以提醒老年人注意。

第四节　适老化住宅室内软装设计要点

一、家居软装基本元素

就目前来看，软装主要分为以下板块：家具类、布艺类、灯饰类、陈设类。

"软装饰"可以根据居室空间的大小、形状，居住者的生活习惯、兴趣爱好等情况，从整体上综合策划装饰、装修设计方案，体现居住者的个性品位，而不会"千家"一面。相对于硬装修一次性、无法回溯的特性，软装修可以随时更换，更新不同的元素。不同季节可以更换不同色系、风格的窗帘，也可以随时更换沙发套、床罩、挂毯、挂画、绿植等元素。

适老化软装设计应坚持从整体设计出发、不可滞后于硬装、以陈设为核心、尽可能集中配饰软装产品、重点突出，搭配至上的原则。

（一）适老化家居软装设计之家具

在家居软装饰中对于整个装饰饰品的挑选是特别重要的，特别是对家具的挑选更是一个在整个软装设计过程中最为重要的部分。家具是室内的主要陈设物，由于其功能的必要性，所以数量和种类众多，空间占用度大，自然成为室内环境陈设的重点。一般室内空间由家具定下主调，然后再辅之以其他的陈设品。

家具有实用和装饰两方面的特征。家具设计不能脱离室内设计的整体要求，不同的室内环境要求不同的家具造型。不同的家具会对人的活动及生理、心理产生举足轻重的影响。室内陈设需要了解古今中外各类家具的特征，满足不同风格空间的要求，作为陈设品的选择，家具当然要注重装饰性和实用性的高度统一，但也应注意室内空间中的几件不太实用但比较有观赏性的家具，能给人带来视觉和感官上的满足，成为宾客谈话的焦点。家居软装饰的另一个重要原则就是以家具为中心进行设计，几件有用的家具就能实现行之有效的收纳，防止家中出现凌乱感的生活空间，给居室整洁清爽的面貌。

家具可以让整个空间更加丰满和具有生活的味道，但是在家具的挑选过程中，由于在前期硬装设计阶段对于软装的考量因素，现阶段对于家具的空间布置更为重要。要思考的不仅仅是如何安置家具这么简单了，更重要的是满足业主对各种生活的期待。

家具与其他陈设品因其丰厚的文化价值，极其丰富的内容和多姿多彩的造型广泛用于室内设计中，并把它们整合为一个有机整体，使艺术审美活动与人们的日常生活重新结合在一起。家具作为室内环境的重要组成部分，不再是一种单纯的商品，而是被提升为一种居室文化理念，家具是传递文化的载体，室内文化的主题和个性化都能通过家具本身的造型、色彩、图案、质感释放出来并加以强化。室内陈设在室内环境中占据了很重要的位置，它是活的艺术，陈设艺术设计搭建了生活与艺术的桥梁，通过设计艺术的大众化、生活化和物化，将艺术的方式、要素引入人们的日常生活中，使陈设品成为物质产品易于被人所接受，达到"生活在艺术中"的目的。

（二）适老化家居软装设计之灯饰

1. 灯饰的重要性

灯饰是家居的眼睛，一个家庭中如果没有灯具，就像人没有眼睛。没有灯光的家庭只能生活在黑暗中，所以灯在家庭的位置是至关重要的。如今人们将照明的灯具称为灯饰，从称谓上可以看出，灯具已不仅仅是用来照明的了，它还可以用来装饰房间。灯具分为吊灯、吸顶灯、射灯、台灯、地灯、壁灯、防潮灯、镜前灯等。照明方式有三种：整体的、局部的和装饰性的。

灯具是家居室内软装中的重要一环，怎样才能合理科学地布置灯具，是值得每一位室内设计师深思的问题。因为在布置灯具时既要考虑光源的明暗适度，又要兼顾其与室内风格的协调，所以在进行灯具的搭配时，首先要考虑它的风格，从造型、材质上入手，选择最适合室内整体风格的灯具；其次要考虑光源的协调统一，通过主光源和辅光源的配合来实现室内光线的均匀分布。在居家空间中，灯饰已成为家具布置搭配的桥梁，越发强调外在的造型来迎合空间的主题风格。而灯具的光线照明功能让居室空间更加明亮，因光而生的温度也能增加人们心里的暖意。

2. 灯饰安装原则

灯饰安装需符合照明原则，居室照明也并非只把室内照亮，而是要按照一定的原则去做，在体现照明功能的同时，还要有好的装饰效果。

（1）科学需要。照明一定要保证各种活动所需的不同光照。如写作、游戏、休息、会客等，无论何种活动都应有相应的灯具发挥作用。这种照明应该是科学的配光，使人不觉得疲倦，既利于眼睛健康，又节约用电。

（2）美化原则。照明要能把房间衬托得更美。光的照射要照顾到室内各物的轮廓、层次及主体形象，对一些特殊陈设品如摆件、挂画，地毯，花瓶、鱼缸等，还要能体现甚至美化其色彩。

（3）照明要可靠与安全。灯具不允许发生漏电、起火等现象，还要做到一开就亮，一关就灭。

市场中的灯饰五彩缤纷，令人眼花缭乱，根据灯饰的材质可分为：水晶灯、布艺灯、石材灯、玻璃灯等。五类灯饰各具特色，承担着满足不同年龄喜好、不同消费层次，为不同房间风格添彩的责任。

3. 灯饰光源的设计

照明中光源的位置很重要，但这种位置选得好不好，关键在于你想让光源照亮的对象是什么。首先是人，人最主要的部分是脸部。从不同角度投射的光线，会使人的脸出现不同的表情效果，如果人站在一盏吊灯的正下方，直接向下的照明会使人脸变得冷漠、严肃。如有一盏灯由下而上地照到人脸，那么更糟，人脸会变得恐怖。所以在人们频繁聚会的客厅、餐厅、沙发等处不能采用直接向上或向下的照明。如采用侧射直接照明，即让光线从侧上方投射，就会使人脸轮廓线条丰富、明朗；如采用漫射式灯具，让散射光来投射人脸，就会显出清晰可亲的形象。其次是照亮家具，这要看你想达到什么效果。如果是一套崭新的组合家具，那么应该突出它的色彩与轮廓，可以采用多光源照明的方式。照明作为装饰的一个组成部分，必须按不同类型来安排光源及其位置。

卧室在我国往往兼有多种功能，如书房、更衣室等。更衣要求匀质的光从人的上前方照亮，以便在镜子中得到一个清晰的图像，因此光源不能放在人脑后，如要化妆还要设置两侧的辅助光，以便使面部清晰可见。看书写字需要书写台灯，睡眠时，室内光线可以暗些、柔和些。但睡前有在床上看书习惯的人，床头灯最好能调节亮度和角度。简单的方法是装两盏灯，一明一暗。

起居室的功能较多，比如会客闲聊、看电视、听音乐，如果在家庭视听中心旁边还设有小酒吧，那么喝饮料也在这里。不要指望一盏吊灯能解决全部问题。在人多时，可以用吊灯、壁灯之类获得全面照明和均散光。在两三人谈心时可用落地灯或壁灯来局部照亮沙发前的茶几，而不是照亮参与谈心的人本身。当视听中心使用时，起居室里只需一盏 3 W 小灯作背景灯取得一些微弱照明就可以了。

如住宅中有门厅，那值得好好布置一下，因为这里最能影响一个人的情绪。一踏进家门，门厅若明亮热闹，会使工作一天的人一下子觉得投入了家庭的怀抱而精神振奋、疲劳顿消。这就需要在门厅平顶上加装嵌入式筒型顶灯，一盏不够时可装几盏，有彩色的更好。如果是喜爱艺术的人家，可以把门厅、走廊的墙面、平顶做成深色，嵌入几盏小灯，让人觉得深不可测，而踏进房间立刻又是别有洞天。当然这样虽然别致，但不见得人人都能接受，因为大多数人是习惯于循规蹈矩的。

餐厅与厨房不同，厨房最好装一盏顶灯做全面照明，并另设一盏射灯对准灶台，便于操作。餐厅是人们进餐的地方，无论是东西方都十分重视这里的光照效果。西方人讲究用餐安静，室内用光较柔和且偏暗；而中国一向以自己的烹调考究而自豪，其中绝对少不了对菜色的欣赏，这就要求灯光必须明亮。为了两者兼顾，建议采用可拉伸的悬吊灯具，不仅伸缩线可以自由地确定灯的高度，其红色或其他漂亮色彩的大灯罩也会令人食欲大增。

住宅一般都在卫生间里放置浴缸，所以卫生间的照明要兼顾人们洗澡、洗脸和洗衣服三者功能。洗澡时只需简单的全局性照明；洗脸化妆时需侧射光对脸部的照明，洗衣服时要看衣服是否洗干净，需要局部照明。所以，卫生间需要装两盏灯，一盏是主灯，可以是壁灯，也可以是吸顶灯，25～40 W 就足够了，另一盏是装在脸盆上方的一盏 8 W 的日光灯，也可用 H 灯或其他灯具。

（三）适老化家居软装设计之布艺

任何家具都不可能是光秃秃的，无论是沙发、床具，还是木椅、坐凳，都需要布置上松软的靠包和坐凳，它们不仅能使这些家具焕发光彩，而且还能为空间制造新的亮点。

家居室内软装设计离不开布艺的点缀，这是由布艺的材料特点决定的。布艺包括窗帘、床品、沙发套、桌面台布、椅垫、墙面装饰等，是室内家居的重要组成部分。因此在进行软装设计时，要正确、适当地运用布艺，使它在室内环境中的价值得以充分体现，营造完美的艺术效果，使功能与美观相结合。布艺室内环境中的遮蔽物与点缀，一方面，能减弱外界的强光和噪声，阻挡风沙和外界的视线；另一方面，织物本身鲜艳的色彩和精美的图案能在很大程度上柔化硬装空间的坚硬感，给人独特的视觉享受。布艺在室内运用时要注意其颜色、材料、质感、装饰图案等，力图使其恰当地装点空间，与室内整体的装修风格相呼应。

毫无疑问，家居室内纺织品具有人在室内空间生活中必需的功能性作用，如遮蔽、保暖、调节光线、吸音吸湿等，但更值得关注的是其与人之间建立的一种"物人对话"的关系。实际上，因为纺织品独特的材质、肌理和花色，天生就具备了较其他材料更容易产生与人对话的条件。这些条件通过人的视觉、触觉等生理和心理的感受而存在并体现其价值。如触觉的柔软感使人感到亲近和舒适；造型线的曲直能给人以优美或刚直感；形状的大小疏密可造成不同的视觉空间感；色彩的冷暖明暗和色调作用于人的视觉器官，在产生色感的同时也必然引起人的某种心理活动；不同的材质肌理产生不同的生理适应感；不同的花色取材可以使人产生一系列的联想，置身于多样的空间环境。充分利用纺织品的这些"与人对话"的条件或因素，能营造符合人们喜好的室内环境氛围。

布艺作为实用性极强的软装饰材料，最大的优点就是品种繁多。室内空间织物的覆盖面积比较大，能构成室内环境的主要色调；织物有柔软的特性，触感舒适温暖。一个没有织物的空间是一个冰冷的空间，多运用织物来点缀室内空间可使人感到亲切舒适。织物的材料来源丰富，有天然纤维、毛、麻、丝、棉，还有多种合成纤维，它的处理工艺比较复杂，有织、染、印、补、绣等，厚薄程度的区别也很大，质地、图案、色彩变化极其丰富，是其他材料不可替代的。另外，织物的价格便宜，吸声性也较强，而且容易做成各种形状，家居室内设计软装饰中，布艺以其较高的性价比占据着非常重要的位置。

（四）家居软装设计之陈设

陈设品是用来美化和强化室内环境视觉效果的，具有观赏价值和文化意义的室内展示物品，包括室内工艺品、艺术品、餐具、茶具等。陈设品设计要注意体现民族文化和地方文化，还要注意与室内的整体格调相协调。

人们司空见惯的老物件，如今成了家居界当仁不让的最红单品。想拥有品质和韵味的家，其实不必繁华极致，用家里的某个老物件，就可呈现文化品位，为家营造一份深邃悠远的意境。

1. 绿色植物的陈设

人们都渴望回归自然，而对于生活在繁华都市里的人来说更是如此。选择一个令人意想不到的空间角落，布置上大大小小的盆栽，可以瞬间提升与改变空间表情，让居住在里面的人拥有好心情。

（1）门庭。门庭靠墙角可摆些暖色的大叶植物，表示对来客的热烈欢迎，如观音竹、仙客来。

（2）客厅。客厅墙角、餐桌边、沙发转角处，可放一些瘦高的植物，如棕竹、散尾葵，人为修剪过的更好。

（3）卧室。卧室在床头柜上可放一些干花，切记不要用开花的植物，凝神的绿化效果会更好。

（4）阳台。阳台以观叶为主，绿化可以采用叶子美的植物。

（5）书房。书房可布置盆景，吊兰，显得书香气十足，可搭配的植物有西洋杜鹃、万年青等。

（6）卫生间。卫生间的墙上适当点缀一些花草即可，不用过多地进行绿化。

2. 书画的陈设

选择书画，首先必须遵守的原则是要和周围的风格、环境相一致，挂的书画不好，还不如不挂。书画因大小、形状各不相同，往墙上一挂，就与周围的墙面、家具产生了呼应和对比关系。大小相近，对比不大，易产生呆板的感觉，反之，就有了活泼感。而画的图案，则可根据自己的喜好选配，如可大胆选择金山农民画，只要挂出品位就可以。注意书画的数量要得当，不要看到空白墙壁就挂画，好的布置能以少胜多。

另外，不同区域有不同的书画选择。一般来讲，卧室内的画，以色调娴静的为佳，儿童房配以色彩鲜艳的卡通画，书房内的画以营造书香气氛为目的。

随着人们观念的更新和个性的张扬，传统的配画原则很多时候已不能满足人们的需求，除了书画，摄影作品也被越来越多的人挂在墙上，其效果好过一般题材的画。

在居室内挂画是现在软装设计中较为普遍的装饰手法，画品是室内陈设的必需品，它在丰富室内环境、深化室内风格方面有着不可替代的作用。挂画方式、位置、大小、材质、边框乃至画面的风格与内容的不同都会影响画品在室内的装饰效果。设计师在进行画品的选择与摆放时，必须深思熟虑，充分考虑室内空间的各个细节，使得画品能真正体现其价值，为室内环境增添光彩。那么，如何才能合理恰当地进行画品选择与搭配呢？要实现这一点，必须达到五个方面的协调，即画品的款式、尺寸、陈列方式、摆放场所、画面风格的协调。只有实现了这五个方面的完美结合，才能最大限度地发挥画品的装饰性，使室内空间更具有设计感。

3. 物品陈设

现代人越来越注重出门旅游，一有假期几乎是全民运动。旅游时看到新鲜事物，都会忍不住带一些回家做纪念，即使小到明信片，不妨找个地方把它们通通展示出来，跟家居整体风格融合在一起，成为独一无二的软装饰。

千姿百态的个性饰品，让家不再单调乏味。人们可以通过变换室内饰品来及时把握住家居潮流，使这些饰品成为平淡家中的视觉亮点，让家和时尚"靠"得更近。

饰品是有着文化内涵、传统寓意以及地域特点的室内装饰品，它从室内氛围和家居风格的角度来营造温馨舒适的家居环境。饰品可以分为平面上的摆件和墙面上的挂饰。摆件包括果盘、绿植、餐具、烛台等摆在家具上的饰品；挂饰则是悬挂在墙面上的，如装饰画、布幔、鹿头、挂钟等饰品。

二、老年住宅室内软装设计要点

（一）窗帘

老年人对窗帘功能的要求与其他年龄段的人略有不同。首先老年人对私密、美观的要求相对减弱，而对实用的要求增强；其次老年人的身体调节功能衰退，对窗帘的使用要求更强调其对身体功能的补充。

1. 可利用窗帘对光线及温度进行调节

密实的窗帘在炎热季节的遮阳、隔热效果十分突出。研究者在北京地区的调研中得知，夏季在南向阳台与起居室之间的门洞口处，采用密实的窗帘遮阳，可使室内空间的温度比阳台降低 5 ℃左右。

半透光的纱帘可用于对射入室内的光线强度进行调节。如老年人读书看报时对过强的光线容易感觉刺眼、眩晕；而室内光照亮度过低时，又会影响老年人视物判断的准确性。采用透光性较好的纱帘，可以使室内的光线变得柔和，同时又能保证一定的照度，满足老年人对采光的需求。

2. 可利用窗帘对风进行调节

寒冷季节时，厚而密实的窗帘可有效挡风，避免老年人受到窗子附近缝隙风和冷辐射的侵扰，窗帘的幅面宜大于窗边界，以防侧边透风。

温暖季节时，窗帘的主要作用是软化夜间直吹向身体的风，同时又能保证居室内空气的流通，所以宜选择有一定透气性的天然材质来制作窗帘，如棉质、麻质等。

3. 可随季节变换更替窗帘

在不同的季节，室内环境对通风和采光的要求有所不同，因此可随季节变化更换窗帘，以便利用窗帘对风和光进行适当调节。也可以选择色调浅亮而又质地密实的面料，利用一幅窗帘可满足四季的不同要求。浅色调的窗帘有利于反射阳光，使人产生清爽的感觉，适用于夏季遮阳隔热，而密实的质地则可以满足冬季挡风的要求。

4. 应避免窗帘质地、色彩、图案引起老年人错视

一些织纹细密又半透光的纱帘，由于光的衍射现象，会产生晃眼的条纹或光

环状衍射图像，容易使老年人产生眩晕感；色彩过于鲜艳耀眼的窗帘，容易使患有高血压等疾病的老年人感到不适；有些带有细小点状图案的窗帘，容易被老年人误认为上面有蝇虫或污渍等。

5. 应使窗帘开闭操作顺滑省力

在日常使用中，老年人更多关注的是窗帘开闭操作的简便省力：窗帘材质不要过于厚重，幅面不宜过大，以免老年人拉动窗帘时费力；窗帘轨或窗帘杆应顺滑，其材质选择应保证在拉动窗帘时不会发出过大的声音；如有条件，大幅的窗帘宜设置电动或机械式窗帘开合装置。

（二）家具

1. 应使老年人的常用家具便于搬动

老年人常根据季节的变换而改变部分家具的摆放位置。如老年人喜欢随季节不同而变换床的摆放位置，以便在寒冷季节时能晒到太阳，而到了炎热季节又能避免被太阳直射。床摆放位置的变动，同时也会影响其他家具的布置，如床头柜、写字台等。所以常用家具应便于搬动，以提高老年人居室的可适性。

2. 可利用部分家具兼作扶手

由于体力减弱，老年人日常活动、行走常需要有扶靠的地方。住宅内空间相对有限，不可能随处设置扶手，可考虑利用常用的家具、设备兼起撑扶作用。考虑家具灵便化的同时还应注意家具的稳固性，避免受力时意外倾倒，对老年人造成伤害。

3. 宜多设置台面类家具

台面类家具（如书桌、低柜）通常可摆放在坐具、卧具的侧边，有利于摆放物品，方便老年人拿取，还能在老年人站起、坐下时起到撑扶作用。

4. 应重视家具的细部设计

随着劳动能力的下降，老年人不喜欢难于清扫的东西，因此家具的造型、线脚，要选择简单、易擦拭的形式。

根据老年人生的理特点，座椅、床铺的高度应保证老年人坐下和起身时省力；坐垫需要一定的硬度，使老年人起坐时能借上力。

家具及五金件不宜有尖锐突起的造型，以免老年人不慎磕碰、刮伤。

（三）绿植花卉

绿植和花卉比一般的装饰工艺品更富有生气和活力，更能使室内环境充满情趣。选择适当的植物品种，除了能起到美化室内环境的作用，还能净化室内空气，舒缓老年人情绪，并能让老年人在养护这些有生命力的植物时体会到自身的价值，对于老年人身心健康大有益处。

1. 应使植物的摆放位置无安全隐患

植物的摆放位置应便于浇水、修剪等养护活动；吊兰类植物的摆放位置不宜过高，以防碰头、倾倒或掉落；体型较小的植栽最好不要摆放在较低的位置或暗处，避免老年人行走时不注意脚下而被绊倒；一些带刺的植物应尽量摆放在远离老年人行走经过处，以防不慎刺伤。

2. 应注意植物对老年人健康的影响

一些植物的气味、花粉或寄生虫会引发过敏性哮喘，有此类病灶的老年人应慎选；植物在夜间会释放二氧化碳，应避免在卧室过多地摆放植物。

3. 应考虑植栽的养护便利性

宜选择便于养护、容易成活的植物，使老年人在轻松无负担的状态下享受种植的乐趣。植栽的体型及花盆不宜过大、过重，以免老年人在搬动时伸拉受伤。

（四）其他

1. 应在照明开关面板周边做防污处理

照明开关面板周边可加设防护垫，防止开关周边的墙面受污，还可使之与墙面形成色彩反差，便于老年人看清。不同用途的开关面板可以选用不同色彩和花型的防护垫，易于老年人辨别。

2. 宜为老年人在墙面挂物预留条件

调研发现，老年人有往墙上钉挂物品的习惯。如在门背后挂常用外衣、包袋；在墙面挂钟表、日历、家庭照片、获奖证书等。物品挂在墙面上，容易被看到，可免老年人遗忘；一些有纪念意义的照片等可给予老年人一些心理上的鼓励。因此应为老年人提供能在墙面挂物的便利条件。

墙面挂物首先应保证安全、牢固，宜在墙面可能挂置物品的位置，预先设置挂画线、木质板材等方便老年人钉挂，对于非承重墙也应在可能挂置物品的位置预先做好预埋加固处理。

第五节　适老化住宅室内收纳设计要点

一、老年人收纳行为的特点

收纳不仅仅是将物品收存起来，还应考虑物品使用的频率和状态，对老年人而言更是如此。物品既要收存得当，使住宅内显得干净整洁，又要便于老年人在使用时能看到和拿到，记忆起存放的位置。

（一）适老化住宅收纳物品的特殊性

老年人在身体状况、生活习惯和思想观念方面与其他年龄段的人有一定的差别，日常生活中也有一些特殊的物品。设计师在做适老化住宅的室内设计时，应仔细考虑这些物品的使用频率、使用状态和适宜的收纳形式，设计相应的收纳空间或家具。

（二）老年人收纳物品的心理、行为特点

1. 将常用物品存放在容易拿取的地方

将一些常用物品放在随手可及的地方，可以对老年人起到提醒的作用。许多老年人都喜欢将常用物品存放在容易看到和取放的位置，以方便寻找和随手取用。如把使用频率较高的药品摆放在茶几、床头柜的台面上，将躺在床上时经常用到的收音机摆放在枕边等。如果将这些物品收纳到抽屉或柜子里，老年人就很可能遗忘其位置，不容易找到。

2. 会储备较多的药品和生活必需品

多数老年人习惯在家里常备各种药品，以备日常服用及应急之需。老年人为了减少请人帮忙搬运物品的次数和出于较强的危机意识，喜欢在家中储备较多的食品，特别是米、面、油等较重且可长期慢慢食用和不易搬运的食品，碰到便宜的时候往往会一次性购买很多。多数老年人出于节约的习惯，不会为自己购置过多的用品，但有时会储备一些肉类、干果类食品，以便子孙探望或全家聚餐时共同享用。

3. 常保留很多旧物和闲置物品

出于敝帚自珍的天性，许多老年人往往不舍得扔掉旧物，加之经过一生的积累，家中常常拥有大量的闲置物品。

有些老年人不但不舍得扔掉自己的东西,还会保存一些儿女淘汰的家具、电器、衣物等。如果没有足够的储藏空间,家中就会堆积很多杂物,使房间变得杂乱。

此外,子女、亲友探望老年人时通常会带来一些营养保健品或生活必需品。如果没有适当的储存空间,老年人就会随处存放或塞到角落。时间久了容易忘记,导致营养品过期变质。

4. 愿意展示有纪念意义的东西

老年人愿意将一些具有纪念意义的小物件摆放与展示出来,比如儿孙亲友的照片、早年获得的奖励、朋友赠送的礼物、各种纪念品等。

老年人爱怀旧,会经常翻看一些有纪念意义的旧物,重温过去的时光。

针对老年人的特点,设计师在进行收纳设计时应注意满足其展示的特定需求。

二、适老化住宅室内收纳设计

(一) 适老化住宅中常见的收纳空间形式

1. 开敞式收纳空间

开敞式的收纳方式(包含台面置物)是为老年人所喜好,并且大量采用的一种收纳方式。其优点是取放物品方便,适用于常用物品的存放。对于记忆力衰退的老年人,开敞式收纳便于他们找寻物品,但缺点是整理不当时会显得杂乱,且容易积灰尘。

2. 封闭式收纳空间

(1) 柜式收纳空间。相对于开敞式收纳,柜式收纳的美观性较好,又可以阻隔灰尘,适用于存放不常用的、对洁净要求较高的物品,如被褥、衣物等。柜式收纳也更适合对整洁度有一定要求的房间。

因为有柜门,柜式收纳的便利性不如开敞式,在选择柜门的形式时,须注意避免对轮椅老年人的使用造成障碍。

(2) 抽屉式收纳空间。抽屉式收纳适用于小型物品的分类存放,可以避免小物品的散落或相互遮挡,便于物品的找寻和拿取,适合老年人使用。

老年人使用的抽屉容量不宜过大,因为较多的小物品放置在一起会更不方便寻找,而且较大、较深的抽屉放置过多物品会较重,抽拉时需要较大的力度和动作幅度,不适合老年人使用。

抽屉的数量不宜过多,其中存放的物品应当相对固定,可利用抽屉分类存放物品，并分别在抽屉上贴上标签，以避免老年人忘记。

抽屉的轨道要轻、滑，拉手要便于把握。

3. 独立步入式储藏间

独立步入式储藏间的优点在于既有开敞式收纳空间的便利性，又有封闭式收纳空间的防尘功能，且不影响室内的环境整洁，适用于贮存较大型的物品，或需长期存放的、有防尘要求的物品。

当前大部分老年人居住的住宅中没有储藏间，但根据调查，多数老年人认为设置储藏间很有必要。

独立的步入式储藏间虽然优点很多，但储藏量与面积比是不经济的。如需要考虑轮椅老年人的使用，在其内部还要提供必要的轮椅活动空间，更会占用较多的使用空间。因此对于经济型的老年住宅，可以用壁柜来代替储藏间。

（二）适老化住宅收纳空间设计原则

1. 保证足够的储物收纳空间

（1）适老化住宅收纳空间应多于一般住宅。综上所述，为存放大量的物品，以及安全便利地查找和取用存物，适老化住宅的收纳空间面积通常应比一般住宅多 10% ~ 20%。

（2）小户型适老化住宅尤应提高空间使用率。对于部分户型较小的适老化住宅，更需要精心考虑如何在有限的空间内收存数量不菲的物品。小户型的收纳设计关键是提高空间的使用效率，分散设置收纳和利用角落空间是很好的方法。

小户型中一般较难安排集中的步入式储藏间，通常可将收纳功能与设备、家具相结合，分散设置于各个房间中；还可因地制宜地利用房间中方便老年人靠近的零碎角落，巧妙设计成收纳空间，如将窗台板下的空档做成储物柜、利用管道间的空隙存放杂物和洗涤用品等。

（3）可利用吊柜存放闲置物品增加储量。虽然一般情况下高柜和吊柜不适合老年人使用，但是在老年人有人照料或有服务人员定期帮忙的情况下，适老化住宅中可以适当地设置部分高柜、吊柜，存放一些平时很少拿取的闲置物品，以增加储藏量。

2. 确保老年人收纳行为的安全

收纳空间的设计应确保老年人收纳行为的安全，主要可以从收纳空间尺寸是否合理、收纳家具的材质和选用的配件是否安全，以及配件的安装是否牢固等方面进行考虑。

（1）合理设计收纳尺寸。以老年人体工学研究数据为依据，合理设计收纳的尺寸，可以减少老年人收纳物品时的潜在危险。

老年人常用物品应收纳于最安全舒适并便于找到的位置。高部和较低的收纳位置则存在一定的安全隐患，应加以防范。

老年人在拿取存放位置较低的物品时，会有一定程度的弯腰动作，应给予可扶持的条件，如设置半高的台面供老年人撑扶。而针对轮椅老年人，则不宜将常用物品收纳于 300 mm 高度以下的位置，以免低处的收纳空间深处看不见、够不着，如果勉强去拿取物品，容易造成轮椅倾翻。

高部位置不适于存放较重的物品。老年人手臂力量较弱，上举重物不仅吃力，而且有受伤的危险，尤其是轮椅老年人从侧面取放物品时，只能用单臂上举，其危险性更大，因此宜将较重的物品安排在较低的位置存放。

（2）消除收纳安全隐患。储物家具的柜门应避免使用易碎的玻璃等材质，以免老年人不慎碰撞发生危险；家具上拉手等凸出物应避免有尖锐的棱角，以免刮伤、划伤老年人。

收纳搁板的安装应稳定、牢固。特别是一些活动搁板，既要便于老年人根据需要调节搁板位置，又不能使其轻易移位和倾翻，以免掉落砸伤老年人。

高部吊柜的位置应避免使老年人碰头。

（3）避免收纳空间死角。储物家具的角部空间应慎重处理，避免出现乘坐轮椅的老年人难以接近的"死角"。比如角部空间过深，轮椅老年人够不到深处的物品；或者角部空间局促，轮椅回转空间不足，如果勉强使用，易造成轮椅老年人拉伤、扭伤或向前倾倒的危险。

可以利用一些可动式收纳家具解决上述问题，如采用滑动格板、抽屉、拉篮或可移动的挂衣架等形式，通过储藏空间的外移，使一些原本难以取放物品的位置更接近使用者而得以有效利用。而且对于较低位置处的贮存空间，还具有可以避免视线遮挡，避免过度弯腰的优点。

3. 确保收纳行为便利

由于生理机能的衰退，老年人的储物活动往往会遇到各种障碍。如：取物操作空间较为狭小，轮椅回转不方便；储藏空间靠近墙角布置，轮椅不易接近；老年人肢体活动不便，难以灵活自如地取放物品；等等。因此在设计老年住宅的收纳空间时，要考虑便于老年人取放使用，具体可以注意以下几方面。

（1）保证足够的取物操作空间。储物家具前方应有宽敞的活动空间，使老年人能够顺利地进入或靠近储物空间，方便地取放物品。

对于行动自如的老年人，取物操作空间与普通人的要求基本相同；但是对于使用轮椅的老年人，则需要相对较大的活动空间。

（2）保证物品能够被看到。对于视线平视高度以上的部分，不宜将搁板设置得过密，也要避免物品的前后重叠放置，以免放置在高部和深部的物品被遮挡，不便取放和寻找。

抽屉一般用于存放零碎小物，应考虑乘坐轮椅的老年人视线高度较低，抽屉上沿通常不宜高于 1200 mm。

（3）常用物品应收纳于最方便拿取的位置。宜将物品根据使用频率分区收纳，常用物品应收纳于老年人取放物品的舒适高度范围内。注意站立老年人与轮椅老年人收纳动作的范围有所不同。

（4）储藏柜下部可使轮椅插入。将储物家具下方局部留空以使轮椅插入，老年人能够靠近收纳空间，便于取放物品。

（5）正确选择收纳空间的遮挡物。出于防尘或者美观的需求，一般储物柜会设置柜门，设置不当时会妨碍老年人，特别是乘坐轮椅者的使用。这个问题可以采用以下一些方法来解决。

采用软质遮挡物：类似于窗帘式的拉帘，既可防尘、遮挡视线以及方便拉动，又不受身体活动的限制，便于轮椅靠近，适合老年人使用。

尽量用推拉门或折叠推拉门：推拉门可以用作储物柜的柜门，也可以用作步入式储藏间的门。相对于平开门，推拉门不会占用过多的储藏空间，提高了空间的使用效率，并且开启方便，对轮椅老年人的使用不构成障碍。步入式储藏间采用推拉门或折叠推拉门时，要考虑地面轨道对轮椅通行的阻碍，最好将轨道嵌入地面内以保证地面无高差。为防止轮椅脚踏板的碰撞，柜门距地 350 mm 以下部分应加防撞板。

采用较窄的平开式柜门：乘坐轮椅的老年人在开关平开式柜门时需要反复地前后移动轮椅，使用不便，通常柜门宽度不宜过大。储物柜前的取物空间较为狭窄时，如储物柜摆放在过道一侧的情况，使用轮椅的老年人通常是侧身取放物品，单扇柜门的宽度一般不宜超过 300 mm。储物柜前方空间如果较为宽敞，坐轮椅的老年人就可以从正面开启柜门。通常柜门宽度不宜超过 400 mm，以保证坐轮椅的老年人在拉开柜门时手臂操作的范围不至于过大。

第二章　适老化住宅内部空间设计

适老化住宅的套内空间与一般住宅基本相似，都可以分为门厅、起居室、餐厅、卧室、厨房、卫生间、阳台、储藏间等功能空间。但与其他年龄段的人相比，老年人在心理、生理以及行为特点上都有一定差异，因而其对空间大小、功能布局、家具选择及摆放的要求也会有所不同。应从老年人的实际需求出发，以老年人体工学数据作为基础进行深入研究。

第一节　门　厅

一、空间设计原则

门厅在住宅中所占的面积虽然不大，但使用频率较高。老年人外出或回家时，往往要在门厅完成许多动作，如换鞋、穿衣、开关灯、拿钥匙等。因此，门厅的各个功能须安排得紧凑有序，以保证老年人的动作顺畅、安全。

适老化住宅的门厅空间设计通常需注意以下一些要点。

（一）确定适当的门厅形式

门厅空间除了要满足换鞋等基本活动外，还应考虑到接待来客的必要空间和护理人员的活动空间，以及急救时担架出入所需的空间。考虑到乘坐轮椅老年人的使用要求，还应留出轮椅通行及回转的空间。

1. 应采用进深小而开敞的门厅

进深较小而开敞的门厅便于老年人活动，尤其是对轮椅的通行以及急救时担架的出入限制较小，还能使门厅更好地获得来自起居室等空间的间接采光。

2. 避免进深大、开口多的门厅

进深较大的狭长状门厅对老年人进出及轮椅的活动限制较大，尤其是狭长而又有转折的门厅会影响紧急情况下担架的出入。这样的门厅间接采光效果差，同时还占用了较多的面积，空间利用效率低。

开口多的门厅往往汇聚了多条交叉动线，无法形成稳定的空间，不利于老年人的行动安全。

（二）保证活动的安全方便

1. 引入柔和的自然光

如有条件，门厅宜尽量争取自然采光，使老年人进出门时能够看清环境，确保行动的安全方便。门厅以侧向柔和的自然采光最佳，不宜在一进门的正对面设置采光窗（尤其是东、西方向的窗），避免入射角很低的光线直接射入人眼，造成刺眼眩晕。

2. 提供扶靠、安坐的条件

应在门厅为老年人提供坐凳、扶手或扶手替代物（如矮柜的台面等），便于老年人安坐和扶靠，保障其换鞋、起坐和出入时的安全、稳定。

3. 考虑轮椅的使用需求

户门把手侧应留出适宜的空间，方便轮椅使用者接近门把手、开关户门。门厅附近应有可供轮椅回转、掉头的空间。

户门处若设置门槛，不利于轮椅进出，应尽量取消或降低。

4. 合理安排家具

合理安排门厅家具的布局，可以优化动线，有助于老年人将在门厅的活动形成相对固定的程序。通常老年人进门时的活动程序是：放下手中物品—脱挂外衣——坐下—探身取鞋—坐下换鞋—撑着扶手站起。出门的活动顺序大致相反。按照熟悉的程序行动，可以有效避免老年人遗忘或动作失误引起的危险。

5. 预留提示板的位置

应在门厅设置提示板，提醒老年人出远门前应做的事情，如检查物品是否带齐、是否关闭家中所有的水电开关等，帮助老年人在一定程度上弥补由记忆衰退带来的不便。

提示板可设在鞋柜台面上方等易被老年人看到处。

（三）使门厅具备灵活改造的条件

门厅空间一般较小，为提高适应性，应尽量避免用承重墙来限定空间。如当老年人行动自如时，可以用轻质隔墙、隔断或家具来围合成稳定的门厅空间，便于沿墙面布置储物家具；当老年人乘坐轮椅时，可以拆除或改建隔墙，根据实际需求加大门厅的宽度，或者改为开敞式门厅，以确保轮椅通行和护理人员操作所需空间。

（四）保持视线的通达

1. 选择开敞式门厅

在一般住宅中，为了门厅的独立性或室内其他空间的私密性，往往会用隔墙或家具作为屏障，遮挡入口处的视线。但有调研发现，老年人更愿意选择开敞式门厅。主要是希望门厅能与起居室等公共空间保持通畅的视线联系，以获得心理上的安全感。如在起居室活动的老年人可以随时了解到户门是否关好、是否有人从门外进来等，在家人进门时也可以互相打招呼。所以门厅家具宜选择低柜类，高度上不遮挡视线，并可以让部分光线透过，使门厅更加明亮。

2. 利用镜面拓宽视野

如果无法保证门厅与起居空间视线的直通，可以通过镜子的反射作用来观察门厅的情况。

（五）重视地面材质的选择

1. 材质应耐污、防滑、防水

门厅地面常会被从室外带进的灰尘、泥土以及雨水等污染，地面材质应耐污、防滑、防水。材质表面不宜有过大的凹凸，要易于清洁且不绊脚。

2. 材质交接处应避免高差

由于门厅与室内其他空间的使用需求不同，有时会将门厅地面另换一种材质，应注意材质交接处要平滑连接，不要产生高差。为了保持清洁，老年人往往会在门厅铺设地垫，此时要注意地垫的附着性，避免滑动。

二、常用家具布置要点

（一）鞋柜、鞋凳

1. 鞋柜、鞋凳的布置

适老化住宅门厅中的鞋柜、鞋凳应靠近布置，最佳的形式为鞋柜与鞋凳相互垂直呈 L 形。老年人坐在凳上取、放、穿、脱鞋子比较顺手，安全省力。

向内开启的入户门会占用一定的门厅空间，应注意其开启时避免对老年人活动产生干扰，如当鞋凳位于户门附近时，要保证户门开关时不会碰撞到坐在鞋凳上的老年人。

2. 鞋柜、鞋凳的关键尺寸

鞋柜宜有台面，高度以 850 mm 左右为宜，既可以当作置物平台，又可以兼具撑扶作用。当鞋柜采用平开门时，单扇柜门的宽度不宜大于 300 mm。过宽的门扇在开启时会占用较多的门厅空间，当乘坐轮椅的老年人开启鞋柜时，就会没有足够的退后空间。

鞋凳应有适当的长度，除了人坐之外还可以随手放置包袋等物品。独立的鞋凳长度应不小于 450 mm，当其侧面有物体或墙体时，鞋凳应适当加长，以免妨碍手臂的动作。鞋凳的深度可以较普通座位稍小，但不能小于 300 mm，要保证老年人可以坐稳。

当鞋柜、鞋凳上方设有挂衣钩时，其深度不宜超过 450 mm，以免老年人够不着挂钩。

3. 鞋凳旁的扶手

鞋凳旁边最好设置竖向扶手，以协助老年人起立。扶手的安装要牢固，最好设在承重墙上，或在隔墙内预埋钢板或其他加固构件。

扶手的形状要易于把握，尽量采用竖杆型，并采用手感温润的表面材质，如木材、树脂等。

4. 设置部分开敞的放鞋空间

为了方便老年人，可将一些常穿的鞋开敞放置，使其便于拿取、穿脱，保证老年人换鞋时看得见、够得着。如可以将鞋柜下部留出高度约 300 mm 的空档，用于放置常穿的鞋子，避免鞋散乱在门厅地面上，将老年人绊倒。

（二）衣柜、衣帽架

1. 门厅空间宽裕时可设置衣柜或衣帽间

在门厅空间较为宽裕的情况下，可以设置衣柜或衣帽间。衣柜门不宜过宽，以免对轮椅老年人的活动构成障碍，衣帽间常用的部分可做成开敞式，方便老年人拿取衣物。

2. 门厅空间有限时可设置开敞式衣帽架

当门厅的面积有限时，采用开敞式的衣帽架可以有效地节省空间。因为没有柜门，老年人尤其是轮椅老年人取放衣物十分方便，但也有东西多时杂乱不美观的缺点。在选位时要注意尽量不要设置在主要视线集中处，如正对门的位置。

开敞式衣帽架的挂衣钩高度通常为 1 300 ～ 1 600 mm，既防止碰头，又考虑到老年人（尤其是轮椅老年人）适宜的使用高度。需要注意的是供轮椅老年人使用的挂衣钩不适合设置于墙角，以免轮椅接近困难。

（三）穿衣镜

如有条件，宜在户门附近设置能照到全身的穿衣镜。老年人外出前可在镜前照一下自己是否穿戴整齐。镜前区域应有一定的采光，或设置照明灯。

为防止轮椅碰撞，镜面下沿应高于地面 350 mm 以上。

（四）物品暂放平台

1. 物品暂放平台的作用

可在户门附近为老年人设置物品暂放平台。当老年人手中拿有许多东西（如水瓶、购物袋、雨伞）时，需要先将物品放下，再腾出手找钥匙、开门。如果没有一个置物的台面，就只能弯腰将物品暂时放在地上，或集中于一只手中，动作会局促、忙乱，容易发生危险。

2. 物品暂放平台的位置

为取放物品、开门更为便利，平台的位置宜设在门的开启侧，不宜在门扇背后，也不宜离户门太远。

3. 物品暂放平台的细部处理

物品暂放平台的高度要具有通用性，利于不同身高的人使用，建议为850 ～ 900 mm，其下可以设置挂钩，买回来的东西可以临时挂放一下；平台的边缘应圆滑，可以为弧形，避免有棱角磕碰到老年人。平台下方的空间可以用于临时存放垃圾，也可以保证轮椅老年人接近门把手，提高门边短墙的利用率。

第二节 起居室

一、空间设计原则

起居室是老年人用来聊天、待客等家庭活动和看电视、休闲健身等娱乐活动的主要场所。在设计时，应契合老年人的心理需求和活动能力，促进老年人和家人以及外界环境之间的交流。

起居室应营造宽敞明快、亲切温馨的氛围，使老年人乐于在此停留；更要轻松愉悦、富有情趣，并保持适当的信息刺激，让老年人感受到生活的乐趣，保持良好的情绪状态。

因此，适老化住宅起居室的设计应遵循以下几项原则。

（一）合理把握空间尺度

1.起居室适宜的开间、进深尺寸

起居室的开间、进深尺寸是考虑常用家具的摆放、轮椅通行以及老年人看电视的适宜视距而确定的。一般适老化住宅中起居室的开间为 3 300 ~ 4 500 mm，进深通常不宜小于 3 600 mm。

起居室过大会影响交流。过大的起居室容易造成座席之间相隔过远，老年人不易听清旁人说话，妨碍老年人与亲友间的沟通，难以营造亲切温馨的气氛。另外，由于电视与座席一般靠墙布置于起居室的两侧，起居室开间过大也会使视距相应增大，老年人往往不易看清电视屏幕上的字及细节，也听不清声音。

起居室过小会对通行造成阻碍。起居室要满足日常生活的使用需求，空间过小会影响老年人行走和活动的通畅度，存在磕碰、绊脚等安全隐患。对轮椅使用者，也难以完成回转动作。

起居室自身的进深与开间也要有良好的比例，通常为开间：进深=1：1 ~ 1：1.2。进深过大时，房间深处采光较差，同时会让人感到空间视角偏小；进深过小时，不利于沙发、茶几和电视柜等家具的摆放，影响起居室的功能。

2.起居室的开间尺寸与其他空间的关系

有时为了追求空间开敞的效果，常通过加大起居室开间来提升空间品质。但当起居室开间过大时，会影响到其他房间的开间。如老年人卧室和起居室并列设置在南向的情况，在总开间有一定限制时，起居室占用的开间过大会影响到老年人卧室的功能。因此要注意二者的协调，掌握适当的开间尺寸。

（二）有效组织交通动线

1.起居室宜位于住宅中部

作为生活起居的中心，起居室宜在住宅的中部。应通过起居室组织起住宅内

的各个空间，使老年人从起居室到其他各个空间都比较近，从而减少通行距离，方便家居活动。

2. 起居室宜为"袋形"空间

起居室不宜成为通过式、穿行式空间。应将住宅内主要交通动线组织在起居室的一侧，使沙发座席区和看电视区形成一个稳定的"袋形"空间。

二、常用家具布置要点

（一）坐具

1. 坐席区宜面对门厅方向设置

起居室坐席区的位置应保证老年人坐在沙发上就可以了解到户门附近的情况。因此坐席区宜面对门厅方向设置，保证老年人不必起身行走就能方便地看到来者何人。同时也能方便地观察到户门是否关好等情况，增强心理上的安全感。

2. 坐具数量可按需而定

当住宅仅为老年人自住时，起居室的坐具数量不必过多，满足老年人的日常使用需求即可。考虑到子女探望或客人来访时的情况，可以存有少量备用座椅，并考虑其存放空间。

3. 坐具摆放不宜过于封闭

起居室坐具的摆放应方便老年人进出，防止绕行或绊脚，尽量不要采用大型组合沙发，以免将坐席区围合得过于封闭，造成通行不便。

4. 坐具宜便于灵活使用

起居室的坐具应注重使用的灵活性，如将沙发座椅选择为可坐可睡的沙发床，以满足子女、亲友临时留宿的需要。

5. 坐席区宜设置老年人专座

坐席区内宜设置老年人专座，位置应方便老年人出入和晒太阳。如果老年人需要使用轮椅，则宜在坐席区外侧留出足够的空间，便于轮椅进出，并尽可能使老年人看电视时有较好的视角。

考虑到晒太阳的需要，起居室的老年人专座宜靠近窗边阳光处布置。但也要注意与窗保持一定距离，使老年人在能获得较好的自然光线照射的同时，免受外墙和窗冷辐射、缝隙风的侵扰。

6. 老年人专座与其他座位距离不应过远

由于听力逐渐衰退，老年人往往需要通过观察对方的表情和口型来帮助其判断讲话内容，因此老年人专座和其他座位的距离不能过远。另外，也应使讲话人的座席处于有光线的位置，便于老年人看清和辨别讲话人脸部的表情和口型。

（二）茶几

茶几作为沙发、座椅的配套家具，通常与坐具相近布置，供人们随手放置常用物品，如零食、茶水、电视遥控器等。摆放在沙发、座椅前方的茶几称为前几，置于沙发、座椅一侧的称为边几。

1. 茶几应灵活可动

老年人使用的茶几应小巧轻便、灵活可动，便于老年人根据需要将茶几拉近或推离座位。

2. 茶几高度应略高

老年人使用的茶几应略高于沙发坐面，通常在 500 mm 左右较为适宜。坐在沙发上的老年人无需过度俯身前倾就可取放茶杯等物品；过低的茶几在老年人起身行走时容易造成磕绊，不宜采用。

3. 前几与其他家具间应留出足够的通行距离

前几与沙发之间的距离要大于 300 mm，以保证老年人顺利就座、通过而不会造成磕碰；前几与电视柜的间距要保证轮椅单向通行，至少为 800 mm。

4. 提倡在坐具旁设置边几

放在沙发旁的边几可供老年人放置常用物品，如药品、老花镜等。老年人侧身就能取放物品，比在沙发前方设置茶几更为省力方便，边几的高度宜与沙发扶手的高度相近。

通常可以将电话放置在坐席区外侧的边几上，既便于老年人坐在沙发上使用电话，又便于从其他房间过来接电话。

（三）电视柜与电视机

1. 电视柜的布置方式

起居室的电视柜宜正对坐席区布置，并保证良好的视距和视角。还要注意电视与窗的位置关系，避免屏幕出现反射形成光斑，使老年人无法看清屏幕上的画面。

2. 电视机的适宜高度

电视机设置的高度宜与老年人坐姿视线高度相平或略高，防止长时间低头看电视造成老年人颈部酸痛。最好能使老年人头靠在沙发背上观看，使眼部自然放松且颈部有支撑，以缓解观看电视的疲劳感。

3. 看电视视距与起居室开间的关系

考虑到老年人听觉、视觉会逐渐衰退，电视机与坐席区的距离不宜过远，一般为 2 000 ～ 3 000 mm。目前随着电视机厚度的逐渐变薄，薄板式、壁挂式电视逐渐增多，电视柜的深度也逐渐变小，从而可以使起居室节省一定的开间。

4. 电视机周围的墙壁应注意隔声

老年人听力减退，往往将电视机的音量放得很大，容易对其他房间造成影响。由于老年人就寝时间早，家人看电视的声音也会影响老年人休息。因此，电视机附近的墙或门应重视隔声。

第三节　餐　厅

一、空间设计原则

餐厅在老年人的日常生活中使用频率较高，一日三餐是老年人生活中十分重要的组成部分。除了备餐、就餐外，老年人往往还会利用餐桌的台面进行一些家务、娱乐活动，如择菜、打牌等。因此，餐厅成了一个与起居室同等重要的活动场所。

适老化住宅的餐厅空间设计应重视以下几项原则。

（一）保证餐厅、厨房的联系近便

在适老化住宅中，餐厅宜邻近厨房，使上菜、取放餐具等活动更为便捷，避免老年人手持餐具行走过长的距离。餐厅到厨房的动线不宜穿越门厅等其他空间，以免与他人相撞或被地上的障碍物绊倒。

此外，还应保持餐厅与厨房之间的视线联系，便于在餐厅和厨房中活动的人能相互交流，了解对方的状况。

（二）实现空间的复合利用

1. 可将餐厅、起居室连通实现复合利用

如能做到将餐厅与起居室连通是十分有利的。通过空间的相互延伸、借用，既可以节省面积，又能实现空间的复合利用。

当餐厅、起居室连通时，应能使餐厅与起居室共看一台电视，一方面可增强老年人在就餐时的娱乐性，另一方面也可增加老年人与家人交流沟通的机会。

2. 应满足就餐区扩大的灵活性

老年住宅的餐厅往往要适应人数的突变。平日老年人自用时，就餐人数较少。但在节假日、老年人的生日等特殊情况时，老年人会与亲友们共同进餐。因此，餐厅应具备灵活性，留有一定的空余空间，以满足餐厅扩大、座位增加的需求。

（三）重视自然采光和通风

一般住宅中由于各方面条件的限制，往往会将餐厅置于采光通风条件较差的位置。然而在适老化住宅中，由于餐厅承载了更多的使用功能，应更加重视其自然采光和通风的需求，使就餐空间更为舒适、明亮。

餐厅宜直接对外开窗，或通过阳台、厨房等具有大面积窗的相邻空间间接采光。如能将餐桌设置在窗边则会使老年人有机会欣赏窗外的景致，有利于老年人身体健康及心情愉悦。

二、常用家具布置要点

（一）餐桌、轮椅

1. 餐桌的形式

老年人使用的餐桌，其大小应方便调整。老年人自用时可选择节省空间的形式，将餐桌折叠使其占地较少，人多时则可将餐桌加大并增加备用座椅。或将餐桌一侧靠墙摆放，留出必要的通行空间。

2. 轮椅用餐专座的位置

对于轮椅老年人，应为其留出用餐专座。专座的位置宜设在餐桌临空的一侧，保证在老年人身旁、身后都留有一定的空间，方便轮椅进出和护理人员服侍。餐厅空间较小时，可将餐桌靠侧墙摆放，在餐桌一边留出较宽敞的空间，供轮椅通行、转弯。餐桌台面下部的高度应能保证轮椅者膝部顺利插入，身体接近台面。

（二）餐柜、备餐台

1. 餐柜的用途和布置方式

宜在餐桌附近设置餐柜，以满足老年人希望将零碎的常用物品摆放在明处的需求，方便老年人将用餐时常用的调味品、纸巾盒、牙签以及药品、水杯等杂物放于其上，餐间随手拿取，避免频繁起身。同时可保持餐桌台面的整洁。

餐柜的深度不必过大，一般可在450 mm 左右，避免占用过多的空间。餐柜台面上方可设置电源插座，便于使用烤面包机、咖啡壶等小件电器。

2. 设置备餐台作为接手台

在空间允许的情况下，餐厅内宜设置备餐台，进行一些简单的备餐操作，如拌凉菜、拼盘、榨果汁等。备餐台的位置应在厨房到餐厅的动线上。

备餐台还可以作为平时操作的接手台。如将厨房中做好的饭菜在此暂放再转移到餐桌，或用毕的碗筷餐具在此倒手再送到厨房，使老年人无需频繁进出厨房，节省体力。

第四节 卧 室

一、空间设计原则

卧室在适老化住宅中除了满足老年人常规的睡眠需求外，往往还会进行许多其他活动，如阅读报纸、看电视、上网等。对于行动不便的卧床老年人而言，卧室更成为老年人生活的主要场所。

相对于中青年人群比较重视的卧室私密性，老年人更需要的是卧室安全性和舒适度。因此，老年人卧室的空间设计应符合以下几项要求。

（一）保证适宜的空间尺寸

1. 面宽和进深应适当增加

老年人卧室的面宽一般为3 600 mm 以上，其净尺寸应大于3 400 mm。这样是为了保证床与对面家具（如电视柜、储物柜）之间的距离大于800 mm，以便轮椅通过。当卧室面宽尺寸不够时，也可以通过调整家具的尺寸来保证轮椅通行所需的宽度。

老年人卧室的进深尺寸也应适当加大，单人卧室通常不宜低于3 600 mm，双人卧室宜大于4 200 mm。一方面便于留出一块完整的空间作为阳光角或休闲活动区，另一方面也可以满足家具灵活摆放的需求。

老年人卧室也不是越大越好。过于空旷的卧室会使家具布置较为分散，老年人在卧室中行走活动时会因无处扶靠而发生危险，应在老年人伸手可及的范围内有适于撑扶倚靠的家具或墙面，为其提供安全保障。

2.考虑增加轮椅使用及护理人员活动所需的空间

老年人在轻度失能阶段需要使用助行器或轮椅，在重度失能阶段须有专人陪护，因此卧室中还应预留轮椅回转及护理人员活动的空间。注意卧室进门处不宜出现狭窄的拐角，以免急救时担架出入不便。

（二）形成集中的活动空间

老年人在卧室中除了午休和睡眠之外，还会进行许多其他活动，卧室往往还具有书房、兴趣室等多种功能。然而目前设计师在进行卧室设计时，大多只考虑摆放床、衣柜等家具的必要空间，家具摆放后的剩余空间被分割得过于零散，缺乏一个安定、完整的活动区域。这样既不利于老年人在卧室中的活动，也难以满足轮椅转圈的要求。因此在设计老年人卧室时，除考虑必要家具的摆放之外，还应留出一处集中的活动空间，满足老年人晒太阳、读书上网、与家人交谈等休闲活动的需求。

老年人卧室中的集中活动空间宜靠近采光窗布置，以便老年人享受阳光，观赏室外景色；当卧室空间有限时，也可通过结合落地凸窗或阳台的形式，扩大窗前空间以便形成完整的活动区域。活动空间也可设在卧室入口处，以方便轮椅就近转圈。

（三）保证家具摆放的灵活性

卧室空间形状及尺寸的设定应使家具布局具有一定的灵活性。有些老年人会根据季节的更替或自身的需求来变换家具的摆放方式，以求达到更佳的舒适性，因而在设定卧室的空间尺寸、门窗位置时，应预先考虑老年人的各种需求，使不同的家具摆放方式均可实现。如在卧室布置单人床时，可能临空布置也可能靠墙或靠窗布置，窗边墙垛宽度最好大于床头的宽度，以利于床的摆放。又如寒冷季节到来时，老年人更愿意把床安置在能够长时间照射到阳光的区域；而炎热季节则要尽量避开阳光直射的地方。卧室开窗的位置要兼顾这两种布置方式。此外，卧室内应尽量少出现不规则转角、弧墙、斜墙等，以便家具能够沿墙稳定地摆放。

（四）营造舒适的休息环境

1.注重通风和采光的要求

老年人的卧室要有很好的通风采光，特别是在老年人长期卧床时，每天的活动基本集中在卧室内，保持良好的环境舒适度变得更加重要。

良好的通风有利于调节室内的空气及温度，帮助散除室内异味。因此，要通过调整卧室门窗开启扇的相对位置，合理组织卧室内的通风流线，避免形成通风死角。

2.合理选择朝向

老年人畏冷喜阳，卧室宜布置在南向，使光线能尽量照射到床上，老年人午休或生病卧床时可以享受阳光，同时也利于卫生、消毒。当卧室设有东西向窗时，应采取一定的遮阳措施，如百叶窗、竹帘等，以便老年人根据自身需要调节室内的进光量。

3.注意隔绝噪声

老年人卧室还需注意隔绝噪声。卧室尽量不要布置在电梯井附近，以免电梯运行的噪声对老年人的休息造成干扰。空调室外机的位置应防止离老年人的床头过近。

二、常用家具布置要点

（一）床

1.床的基本尺寸

老年人卧室中的双人床宜选择较大尺寸，以免老年人在休息时相互影响，通常为 2 000 mm × 1 800 mm（长 × 宽）。单人床也应选择较宽的尺寸，以 2 000 mm × 1 200 mm（长 × 宽）为宜。

2.床在卧室中的摆放位置

老年人卧室中的床有多种摆放方式，通常可以三边临空放置，也可以靠墙或靠窗放置。

床三边临空放置时，老年人上下床更方便，也便于整理床铺。当老年人需要照顾时（如帮其进餐、翻身、擦身等），护理人员更容易操作，也便于多个护理人员协作。

床靠墙放置时，可减少一侧通道占用的空间，使卧室中部空间较为宽裕，并便于老年人在床靠墙一侧放置随手可用的物品。但双人床如此摆放时，会使睡在靠墙一侧的老年人上下床不便。

床靠窗放置时，白天容易接收到阳光的照射，但可能会妨碍老年人开关窗扇，下雨时雨水也会将被褥打湿。老年人对直接吹向身体的风较为敏感，来自窗的缝隙风也可能使老年人受凉。

另外，还需注意床头不宜对窗布置。老年人睡眠易受干扰，如果头部对着窗户，容易被清晨的阳光照醒，床头也不宜正对卧室门，以免对私密性有所影响，还要避免床的长边紧靠住宅外墙，围护结构的热量变化会对床附近的温度造成影响。

3. 分床休息对卧室空间尺寸的影响

老年人常因作息时间不同或起夜、翻身、打鼾等问题而相互干扰。很多家庭中老年人各自有单独的床，或分别睡在不同的房间，避免影响彼此睡眠。从这个角度考虑，卧室的开间和进深应能摆放两张单人床。当老年人的身体状况为重度失能时，护理人员也可与老年人同室居住，便于照顾。

卧室中两张单人床的放置方式有并排放置、垂直放置、相对放置等几种类型，不同的摆放方式对卧室的空间要求有一定影响。在设计时，要预先考虑床以不同方式摆放的可能性，确定适宜的空间尺寸。

4. 床边空间的重要性

床边空间是指床周围的通行、操作空间。老年人根据身体状况的不同，对床边空间的要求也有所不同。

轻、中度失能的老年人的床周边应留出足够的空间，供使用助行器或轮椅的老年人接近，并可方便地活动。床周边的通行宽度不宜小于 800 mm。因此，卧室中以两张单人床分别靠墙摆放为佳，两床互不影响，留出较为宽裕的卧室中部活动空间。

重度失能的老年人最好使用单人床，床两侧长边临空摆放，便于护理人员从床侧照护老年人，护理人员的操作宽度通常不小于 600 mm。老年人下床活动时通常需要有人搀扶陪同，床一侧至少应有不小于 800 mm 的通行宽度。

床边空间往往需要设置足够的台面，让老年人在手方便够到的范围内拿取物品。

（二）床头柜

床头柜对于老年人而言是必不可缺的卧室家具，既可以方便地存放一些常用物品，又可以作为老年人从床上起身站立时的撑扶物。

老年人卧室床头柜的高度应比床面略高一些，老年人起身撑扶时便于施力，其高度为 600 mm 左右即可。

床头柜应具有较大的台面，以便摆放台灯、水杯、药品等物品。台面边缘宜上翻，防止物品滑落。床头柜宜设置明格，供摆放需要经常拿取的物品；宜设抽屉而不宜采用柜门的形式，使得开启方便、视线能够看清内部的物品，以免老年人翻找物品时弯腰过低。

（三）书桌

书桌在老年人卧室中是一件常用的家具，老年人往往会在卧室中进行读书、上网等活动。书桌通常摆放在窗户附近以得到较好的采光。书桌也可布置在床边起到床头柜的作用，作为摆放常用物品的台面；同时可供老年人起卧床时撑扶使用。

书桌摆放时的注意事项有以下几点：当书桌靠近窗户摆放时，应注意避免与窗开启扇的冲突。当窗户为外开时，老年人必须隔着书桌伸手去打开窗户，动作幅度过大，操作不便且易发生扭伤或摔倒等危险。如果窗户为内开，开启的窗扇又会挡在书桌上，影响书桌的使用或造成站起时易碰头的危险。因此，应在窗前留出足够的可使人靠近的空间，既便于开启窗扇，又不影响书桌的使用。此外，书桌的摆放位置还应考虑与进光方向的关系。要保证老年人使用书桌时，光线既不会直射人眼，也不会在写字时形成背手光，同时不会在电脑屏幕上形成眩光。

（四）衣柜

衣柜是卧室中的大型家具。一般衣柜的深度通常为 550 ~ 600 mm，衣柜开启门的宽度为 400 ~ 500 mm，一组双开门衣柜的长度在 800 ~ 1 000 mm。因此卧室宜有较长的整幅墙面供衣柜靠墙摆放。

衣柜不应放在阻挡光线的位置，也不要遮挡进门的视线。衣柜前方应留出开启柜门和拿取物品的操作空间，通常不小于 600mm。当选择推拉门式的衣柜时，前方距离可适当缩小。

老年人使用的衣柜应增加叠放衣物的存放空间，可采用隔板、抽屉类收纳形式，适当减少衣服挂置的空间。

（五）电视机

老年人卧室里设置电视机是很普遍的，通常的布置方法是正对床头。当卧室开间较小时，为了保证通行宽度，电视机也可能为壁挂式或布置在房间的一角。如老年人须卧姿观看，则要注意调整电视机屏幕的高度和倾角。

电视机屏幕应避免迎光或逆光布置，以侧向采光为宜。

第五节　厨　房

一、空间设计原则

周到细致的厨房设计是保证老年人实现自主生活的基础。老年人日常的主要活动很多是围绕厨房展开的，在厨房中停留的时间也相对较长。因此，厨房设计的重中之重是确保老年人能够安全、独立地进行操作活动，并要能做到省力、高效，以支持老年人完成力所能及的家务劳动，从而获得自信与愉悦。

老年住宅的厨房空间设计应考虑如下问题。

（一）提供合理的操作活动空间

厨房空间应有适宜的尺度，各种常用设备应安排紧凑，保证合理的操作流线，使各操作流程交接顺畅，互不妨碍。

1. 厨房空间尺度不宜过小

厨房空间尺度过小时，很难保证有足够的操作台面摆放常用设备和物品，既影响使用效率，也容易造成安全隐患。

对于一般的老年人，两侧操作台之间的通行及活动宽度不应小于 900 mm。对于轮椅老年人，通行及活动区域的尺寸宜适当增加，以保证轮椅进出、回转所需的空间。条件较宽松时，宜为轮椅老年人与他人共同进行操作提供更充裕的空间。

2. 厨房空间尺度也不宜过大

厨房尺度过大时也有弊端，容易造成设备摆放分散，操作流线变长，影响操作的连续性，当发生危险时老年人也无处扶靠。所以老年人厨房在考虑轮椅通行的前提下，操作台之间的距离也不宜过大。

3. 操作台下部留空便于轮椅回转和操作

在中小户型住宅中，厨房的面积受到一定的制约，操作台间的距离一般不能满足轮椅的回转要求。这时可将常用的操作台，如洗涤池、炉灶的下部局部留空，一方面能作为轮椅回转可利用的空间，另一方面也便于轮椅老年人的身体接近主要的操作设备。

（二）确定恰当的操作台布置形式

一般厨房中常见的操作台布置形式有单列式、双列式、U形、L形和岛形等。在老年人厨房中，宜优先选择U形、L形布局，这两种布局在老年人使用时具有以下优势。

1.U形、L形操作台更适合轮椅老年人使用

由于轮椅旋转比平移更为方便省力，因此应将洗涤池和炉灶布置在轮椅略微旋转即可到达的范围内。采用U形、L形操作台布置形式即可满足这一要求。将洗涤池和炉灶分别布置在U形、L形台面转角的两侧，轮椅老年人只需在90°范围内微转，就能完成洗涤、烹饪两种操作之间的转换。

如果操作台为单列式或双列式，洗涤池、炉灶只能一字排列或相对布置，轮椅老年人需要进行多个动作才能完成平移或大角度回转，给使用造成不便。所以老年人厨房采用U形、L形的布置形式更为便利。

2.U形、L形布局有利于形成连续台面

U形、L形布局利于保持台面的完整、连续。冰箱、洗涤池、炉灶等常用设备能通过连续的台面衔接起来，避免操作流线交叉过多和相互妨碍。轮椅老年人可将较重的器皿沿台面推移，减少安全隐患，节省老年人体力。

此外，U形和L形操作台的转角部分能形成稳定的操作、置物空间。可通过对台面转角进行斜线处理，进一步提高利用率，增加便于使用的操作空间，台面转角内侧也可用于设置管井等。

（三）注意厨房门的开设位置

1.注意厨房门与服务阳台门的位置关系

厨房外有服务阳台时，从室内其他空间到服务阳台会穿行厨房。为了避免对厨房操作活动的干扰，应在设计时注意服务阳台与厨房的位置关系，将厨房门、服务阳台门开设在适宜的位置，并注意缩短二者之间的距离，减少对厨房内操作活动的影响。

2.考虑在厨房门后设置辅助台面的空间

当厨房的开间达到 2 100 mm 以上，或进深方向尺寸较为充裕时，可利用厨房门后空间设置深度 300 ~ 450 mm 的辅助柜及台面，以供放置微波炉、电饭煲等小件设备，使空间得到充分利用。

（四）提供有效的采光通风

厨房应有直接采光、自然通风。对于老年人而言，则更应保证厨房的主要操作活动区有良好的自然采光和通风。

1. 保证洗涤池附近的有效采光

老年人在洗涤池处的操作时间较长，应避免将洗涤池布置于背光区。一些户型的厨房窗处于楼栋凹缝处，虽然做到直接对外开窗，但进入室内的光线十分有限，特别是当洗涤池背光布置时，日常操作处于昏暗中，对老年人来说存在诸多不便。

2. 保证厨房的有效通风量

厨房的有效通风通常与下列因素有关：厨房是否直接对外开窗；窗扇开启的形式和面积大小；厨房窗与门的相对位置等。同样的窗洞宽度，不同的窗扇开启形式和开启扇大小对通风量均有影响，在设计时要综合考虑。

除了自然通风外，老年人使用的厨房中还应加强机械排风，保证油烟气味及时散出。在北方地区冬季不常开窗的情况下，设置辅助排风设备有助于换气；在南方地区，由于天气闷热，空气不流通，也需要有机械排风设备促进通风。因此在厨房内除设置抽油烟机外，还宜加设一处排风扇。

（五）考虑日后改造的可能性

1. 考虑不同身体状况老年人的需求

老年人的身体条件会随着年龄的增长和疾病的原因发生变化，不同身体状况的老年人，对厨房空间的使用要求有所不同。因此厨房应具备灵活改造的可能性，以适应老年人的身体变化。

根据老年人的健康状况和劳动能力，可将老年人对厨房的需求概括为以下三种情况。

第一，健康阶段的老年人行动自如，对厨房的需求与其他年龄段基本相似。

第二，半自理阶段的老年人也许会使用助行器或轮椅，厨房内的通行、活动空间须适当增大。

第三，全护理阶段的老年人基本上无法自用厨房。厨房主要是护理人员使用，应便于护理人员在厨房工作时也能观察老年人的情况，所以厨房应开敞，使视线通达。

2. 设置非承重墙便于日后改造

厨房的面积大小、家具设备布局可能会随着老年人身体状况的改变而不断变化，建议厨房墙体至少有一面为非承重墙，在必要时可拆改墙体使厨房符合老年人的使用需求。如：将厨房面积扩大，使轮椅能够进入；或将厨房变为开敞式，与餐厅紧密结合。需注意厨房内的风道与管井最好布置在靠近承重墙的一侧，以便日后改造时不受其制约。

二、常用设备布置要点

（一）操作台

操作台是厨房各种设备和操作活动的主要载体，通常由操作台面和下部的柜体组成。

1. 操作台的适宜深度

厨房操作台深度一般在 550 ~ 700 mm，深度在 600 ~ 650 mm 范围内的操作台适合老年人使用。操作台深度过小时，不便于摆放设备和物品；深度过大时，在老年人坐姿操作的情况下，不易拿取靠里侧放置的物品。

2. 操作台的适宜高度

操作台的高度宜根据老年人的身高确定，符合易于施力的原则。考虑我国老年人的身高及使用习惯，通常将操作台高度控制在 800 ~ 850 mm，有条件的情况下，可采用升降式的操作台。

3. 操作台应考虑坐姿操作需求

老年人在厨房长时间劳动时宜坐姿操作，同时考虑到轮椅老年人进入厨房操作的可能性，洗涤池、炉灶下部应预留合适的空档，使老年人坐姿操作时腿部能够插入。

由于一般座椅及轮椅的坐面高度为 450 mm，人腿所占的空间高度为 200 mm 左右，因而洗涤池、炉灶下部空档高度不宜小于 650 mm，深度不宜小于 300 mm。

4. 操作台下部抬高便于轮椅接近

操作台地柜下部可抬高 300 mm，一是便于轮椅踏脚板的插入，使轮椅能从正面靠近操作台；二是较低位置的地柜不便于老年人拿取物品，轮椅老年人弯腰做此动作时容易发生倾倒的危险。

5. 操作台面要长且连续

应尽量设置充裕的操作台面，用于摆放常用物品，减少老年人从柜中拿取物品的频率。

冰箱、洗涤池与炉灶之间均应设连续的台面，便于老年人（尤其是轮椅老年人）在台面上移动锅、碗等炊具、餐具，防止端重物或烫物时发生危险。

6.常用设备两侧要留出操作台面

洗涤池两侧均需留出操作台面，靠近高物体的一侧至少需留出 150 mm 的宽度，保证老年人进行洗涤操作时的肢体活动空间。

炉灶两侧也需留出操作台面，靠近高物体的一侧宽度不小于 200 mm。操作台面应方便摆放锅、碗、盘子等，并避开炉灶明火。

洗涤池与冰箱之间应设 300 ~ 600 mm 宽的操作台面，方便老年人取放物品时倒手。

炉灶与洗涤池中间应留出 600 ~ 1 200 mm 宽的操作台面，便于放置案板和常用的餐具等，要防止两设备距离过近，水飞溅到油锅里而产生危险；也要防止距离过远，增加操作时的劳动量。

（二）吊柜及中部柜

1.加设中部柜存放常用物品

一般住宅中,厨房吊柜下方距地高度为 1 600 mm 左右,吊柜深度为 300 ~ 350 mm。但对老年人来说，吊柜的上部空间过高，不便于取放物品。因此在设计老年人厨房时，应在吊柜下部加设中部柜或中部架，以保证老年人（特别是轮椅老年人）在伸手可及的范围内能方便地取放常用物品。高处的吊柜可作为储藏的补充或由家人使用。

洗涤池前和炉灶旁的中部柜架最为常用。洗涤池上方可设置沥水托架，老年人可将洗涤后的餐具顺手放在中部架上沥水；炉灶两旁的中部柜可用于放置调味品或常用炊具等。

2.中部柜的安装高度与深度

中部柜的高度区间一般在距地 1 200 ~ 1 600 mm 的范围内。柜体下皮与操作台面之间还可以留出空当摆放调料瓶、微波炉等物品。中部柜的深度在 200 ~ 250 mm 较为适宜，深度过大容易使人碰头，也不利于轮椅老年人拿取放在里侧的物品。

（三）餐台

1. 布置小餐台便于就近用餐

经调研发现，老年人有时愿意在厨房里简单就餐，特别是早餐。因此在有条件的情况下，可在厨房内布置小餐台，供老年人就近用餐，也可以当做接手台或置物台使用。

2. 餐台的适宜位置与形式

餐台的摆放位置不要影响老年人在厨房内的操作活动。餐台的尺寸不宜过大，通常设置 1 ～ 2 个餐位即可。

厨房小餐台的形式应视具体情况而定。空间宽裕时，可设固定餐台；空间局促时，餐台可采用折叠、抽拉、翻板等灵活的形式。但应注意其构造的牢固性及安全性，确保餐台不易变形或翻倒。

（四）洗涤池

1. 洗涤池宜靠窗布置

洗涤池宜靠近厨房窗设置，以获得良好的采光。当厨房窗为内开式时，须注意洗涤池水龙头的位置不要影响内开窗窗扇的开启。

2. 洗涤池尺寸宜稍大

老年人使用的洗涤池最好大一些，建议长度为 600 ～ 900 mm，以便将锅、盆等大件炊具放进洗涤池清洗，而不必在洗时用手提持。因此在洗涤池总长度有限的情况下，单槽的大水池要比双槽水池更加便利、灵活。洗涤池周围设有凹槽的话，还可以架设沥水架、案板等。

（五）炉灶

1. 炉灶宜远离门窗及表具设备

炉灶不要过于靠近厨房门和窗布置，以免火焰被风吹灭或行动时碰翻炊具。炉灶应尽量远离冰箱、天然气表具，以免烹饪时的火星儿、热油等溅到这些设备上产生不良影响。

2. 选用更安全的炉灶

老年人记忆力衰退，炉灶最好有自动断火功能。电磁炉灶没有明火，更适于老年人使用，特别是在公寓的简易厨房中。

（六）冰箱

1. 选择合适的冰箱摆放位置

冰箱的位置应兼顾厨房和餐厅两方面的使用需求，并要便于老年人购回食品时就近存放。冰箱旁应有接手台面，供老年人暂放物品。

老年人爱囤积食物，需要冷藏的营养品、药品也较多，因此要预留较大的空间放置大容量冰箱，如双开门冰箱。

2. 冰箱旁留出供轮椅接近的空间

轮椅老年人使用冰箱时，往往从侧向靠近冰箱取放物品。冰箱放置在墙角或夹在墙面等高起物之间时，其近旁应留出一定的空档供轮椅接近，并保证老年人能方便地开闭冰箱门。

（七）活动家具

采用活动家具便于老年人灵活使用。

厨房中可适当采用活动家具，使老年人的操作更加方便、省力。如轻便的小轮车，平时可放置在操作台下部的留空部分，作为储藏空间的补充，备餐时可以随时拉到需要用到的地方。可抽拉的小餐台既节约空间，又方便使用。老年人厨房的吊柜也可采用下拉式的活动吊柜，以便轮椅老年人取放物品。

（八）垃圾桶

1. 垃圾桶宜靠近洗涤池放置

厨房中应做到洁污分区，垃圾桶的位置应设在洗涤池附近。洗涤池是产生垃圾最多的地方，就近设置垃圾桶可减少污染面积，同时还要保证其位置不阻碍通行，避免老年人踢绊。可将洗涤池下方留空，或者在操作台尽端处留出空隙，用于放置垃圾桶。

2. 柜内设垃圾桶污染严重

设在操作台柜体内的垃圾桶容易被老年人遗忘，导致垃圾腐败，也容易污染柜体，且不便于清扫打理，不建议采用。

第六节 卫生间

一、空间设计原则

卫生间是适老化住宅中不可或缺的功能空间，其特点是设备密集、使用频率高而空间有限。老年人如厕、入浴时，发生跌倒、摔伤等事件的频率很高，突发疾病的情况也较为多见，是住宅中最容易发生危险事故的场所。因此在设计时应认真考虑，为老年人提供一个安全、方便的卫生间环境。

适老化住宅卫生间设计需要着重注意以下原则。

（一）空间大小适当

老年人使用的卫生间空间既不能过大也不能过小。

空间过大时，会导致洁具设备布置得过于分散，老年人在各设备之间的行动路线变长，行动过程中无处扶靠，增加了滑倒的可能性。

空间过小时，通行较为局促，老年人动作不自如，容易造成磕碰，而且轮椅难以进入，护理人员也难以相助。

（二）划分干湿区域

一般来讲，我们将卫生间内地面易沾水的区域叫湿区，将地面不易沾水、通常保持干燥的区域叫干区。因而，淋浴、盆浴区属于湿区，而坐便器、洗手盆的布置区域属于干区。

目前我国很多住宅的卫生间中洗手盆、便器和洗浴设备共处一室，并未明确划分区域。如未做特别处理，洗澡时往往会将卫生间的地面全部打湿，老年人再入卫生间如厕、洗漱时，十分容易滑倒。有些卫生间虽设置了独立淋浴间，但洗澡后湿拖鞋的水被带到其他区域的地面，也会增加老年人滑倒的危险。

因此，老年住宅卫生间应特别注意将洗浴湿区与坐便器、洗手盆等干区分开，降低干区地面被水打湿的可能。通常可将淋浴间和浴缸邻近布置，使湿区集中，并尽量将湿区设置在卫生间内侧、干区靠近门口，以免使用中穿行湿区。

干湿分区交界处的设计也很重要。宜将更衣区作为干、湿区的过渡，使老年人洗浴完毕后就近完成擦身擦脚、将湿拖鞋换成干鞋的动作，以免将身上的水带到干区地面。

（三）重视安全防护

1. 设置安全扶手

坐便器旁边需设置扶手，辅助老年人起坐等动作。淋浴喷头、浴缸旁边也应设置 L 形扶手，辅助老年人进出洗浴区域，以及在洗浴中转身、起坐等。

2. 利于紧急救助

从便于急救的角度讲，老年人使用的卫生间一般不宜采用向内开启的门，而应尽量选择推拉门和外开门。因为卫生间内部空间通常较小，老年人如不慎倒地无法起身或昏迷不醒时，身体有可能挡住向内开启的门扇，使救助者难以进入，延误施救时间。而推拉门和外开门可以从卫生间外侧打开，便于救助人员进入卫生间。

有些住宅受条件限制，卫生间只能采用内开门时，可将门扇的下部做成能局部打开或拆下的形式，使紧急情况下救助人员能够进入施救。目前，市场上也出现了里外均可开启的门扇，可以依需要选用。

另外，在老年人容易发生危险的位置须设置紧急呼叫装置，如坐便器侧边、洗浴区附近。其位置既要方便老年人在紧急时可以够到，又要避免在不经意中被碰到而发生误操作。

3. 重视防滑措施

卫生间地面应选用防水、防滑的材质，湿区可局部采用防滑地垫加强防护作用；地漏位置应合理，使地面排水顺畅，避免积水；卫生间应保证良好的空气流通，能够迅速除湿，使有水的地面尽快干燥。

由于浴缸底面不完全平坦，可供老年人稳定站立的面积较小，所以建议将淋浴功能与盆浴功能分开，独立设置，避免让老年人站在浴缸中进行淋浴。浴缸表面一般比较光滑，老年人进出时容易滑倒，可以在浴缸底部放置防滑垫，确保老年人使用安全。

4. 保证坐姿操作

洗漱、洗浴、更衣等活动一般持续时间较长，应为老年人提供坐姿活动的条件。如在盥洗台前安排坐凳、淋浴区域放置淋浴凳、更衣区域设置更衣坐凳等。特别是洗浴时需要稳定身体，如空间不够大时也可考虑用坐便器代替坐凳，将喷头设于坐便器附近。

（四）便于按需改造

老年人有可能因突发疾病或意外，而突然从能自理变为需要护理，此时卫生间的空间大小、设备安装位置也应发生一定的变化。为了能够适应老年人不同阶段身体状况的使用需求，卫生间应便于灵活改造。

1. 卫生间隔墙位置可调整

卫生间的部分隔墙宜采用便于拆改的轻质隔墙，以便根据需要方便地扩大卫生间，容许轮椅进入。通常卫生间内竖向管井和风道因涉及楼层上下住户，难以随意变动位置，因此尽量不要将其紧靠有可能拆改的轻质隔墙布置。

2. 卫生间洁具位置可改变

卫生间的洁具有时需要移动位置，如让坐便器更加靠近老年人卧室。因此可以采用降板处理或者选用后排水式坐便器，使其能够根据需要移动位置。目前国外的住宅中有采用架空地面的形式，实现了户内水平走管，卫生间的位置可在住宅中灵活变动，必要时可以使其更接近老年人的卧室。

3. 淋浴、盆浴可互换

老年人卫生间的洗浴空间最好既有淋浴又有盆浴，以便老年人在身体条件不同时按需选用。当受空间所限无法做到两者同设时，也应考虑今后互换的可能。

但应注意，由于浴缸的常规宽度略小于淋浴间，当浴缸旁安装坐便器时，须想到今后将其改造为淋浴间的情况，适当放宽与坐便器之间的距离，否则淋浴间的隔断会与坐便器形成冲突。

（五）注意通风和保温

1. 争取直接对外开窗

适老化住宅的卫生间应争取直接对外开窗，以获得良好通风，避免卫生间长时间处于潮湿状态。由于卫生间用水较为频繁，室内空气湿度较大，如不能及时除湿，会使老年人由于憋闷而产生不适感，而且易滋生细菌。

2. 保证洗浴温度稳定

老年人对温度变化和冷风较为敏感，尤其在洗浴时，需要保证适宜的室温。应在洗浴区设置浴室加热器，并将洗浴区远离外墙窗布置，避免有缝隙风直接吹向老年人的身体。

3. 保证更衣区温度

更衣区对室温要求也较高，宜设置暖气、浴室加热器等取暖设备，一方面保证适宜的温度，使老年人可以从容地穿脱衣服、擦拭身体；另一方面可将衣服放在取暖设备附近烤热，老年人穿着时暖和舒适。在寒冷地区，更衣区最好远离外墙窗布置。

（六）利用间接采光

对于无法直接采光的卫生间，可通过向其他空间开设小窗、高窗，或在门上采用部分透光材质，使其获得间接采光，而不必完全依赖人工照明。开设小窗，即便是固定扇不能通风，也能提供一定的光线，在老年人进入卫生间内简单取物时可以不必频繁开灯。这既迎合了老年人节电的心态，又对老年人的活动安全有利。

二、常用设备布置要点

（一）淋浴间

1. 淋浴间尺寸

老年人使用的淋浴间内部净空间应比一般淋浴间略大，以便护理人员进入。但也不宜过大，以免老年人脚下打滑时无法扶靠。通常以宽 900 ~ 1 200 mm、长 1 200 ~ 1 500 mm 为宜。

2. 喷淋设备

为满足老年人洗浴时上肢动作幅度的要求，喷头距侧墙至少应为 450 mm；但也不宜离侧墙太远，以免老年人要摔倒时无处扶靠。

淋浴喷头应便于取放，并可根据需要进行高低调节，让老年人站姿、坐姿时均能使用。可采用竖向滑竿式支架，或在高低两处分别设置喷头支架。

喷淋设备的开关应设在距地 1 000 mm 左右高处，开关形式应便于老年人施力。开关上应有清晰、明显的冷热水标示，方便老年人识别。

3. 淋浴扶手

老年人在进出淋浴间的过程中最易发生危险，需要持续有扶手抓握。淋浴间侧墙上应设置 L 形扶手，便于老年人站姿冲淋时保持身体稳定，以及供老年人转换站、坐姿时抓扶。

4. 淋浴坐凳

考虑到老年人体力减退以及安全防滑的问题，最好在淋浴间里设置坐凳，让老年人坐姿洗浴，也便于他人提供帮助。淋浴间内应留有放置坐凳的空间。坐凳要防水、防锈、防滑。当采用钉挂在墙壁上可折起的坐凳时，需要注意其安装的牢固性，以及与喷头开关的位置关系，使老年人在坐姿洗浴时也方便调节喷头开关。

5. 淋浴间隔断

老年人使用的淋浴间不宜采用"淋浴房"类的独立、封闭的形式。一方面，淋浴房底部常会抬起一段高度，增加老年人出入时被绊倒的可能；另一方面，淋浴房内部空间较为狭小，老年人在洗浴中无法获得他人协助；而且过于封闭的淋浴房也不利于新鲜空气的补充，容易造成缺氧。

因此，老年人使用的淋浴间宜通过玻璃隔断、浴帘与其他空间划分开来。玻璃隔断通常不做吊顶，高度达到 2 000 mm 左右即可。对轮椅使用者而言，采用浴帘一类的软质隔断对于轮椅回转的妨碍较少，更为方便。

淋浴间地面的挡水条可以采用橡胶类的软质挡水条，使地面没有过大凸起，便于轮椅出入。

（二）浴缸

1. 浴缸尺寸

浴缸内腔上沿长度以 1 100 ~ 1 200 mm 为宜，通常不推荐老年人使用内腔长度大于 1 500 mm 的浴棚，以防止老年人下滑溺水。为了老年人跨入跨出时方便，浴缸外缘距地高度不宜超过 450 mm。

2. 浴缸形状

老年人盆浴时以坐姿为宜，浴缸内腔壁要有合适的倾角，便于倚靠；浴缸两侧有小拉手，方便老年人从躺姿变为坐姿时辅助使用。

3. 浴缸位置

一般来讲，浴缸的位置宜靠墙设置，便于利用侧墙面安装扶手，在有需求的情况下，浴棚也可以临空放置在卫生间中部，留出两侧空间以便护理人员协助。在别墅类的住宅中，有条件时还可以通过地面局部下降而使护理人员能够站姿帮助老年人洗浴，减轻长时间弯腰作业的工作负担。

浴缸出入侧应留有适当空间。考虑到老年人跨出入浴缸的动作幅度，浴缸进出面的有效宽度不应小于 600 mm。对于轮椅老年人，浴缸龙头距墙应留出不小于 300 mm 的距离，方便轮椅侧向接近开关龙头。

4. 浴缸坐台

浴缸坐台是在浴缸外沿设置的平台，使老年人可以坐姿出入浴缸，保持身体和血压的稳定，避免突发疾病等意外。坐台台面高度宜与浴缸边沿等高，宽度应达到 400 mm 以上。

浴缸不宜采用边沿凸出于坐台台面之上的形式，避免老年人以坐姿进出浴缸时被绊倒，而且浴缸边沿容易与侧墙之间形成勾缝，积水不容易擦拭。因此，最好选择一体式或浴缸边沿嵌入坐台下面的形式。

对于偏瘫的老年人，应考虑浴缸、坐台的方向和位置要适合使用者的身体条件。如左侧偏瘫的老年人，通常是在护理人员的帮助下，用右侧肢体发力，带动左侧身体进入浴缸，所以浴缸坐台应设在浴缸进入面的右侧。

5. 浴缸扶手

浴缸内表面比较光滑，老年人进出浴缸时脚下容易溜滑，所以在进出浴缸侧要设置竖向扶手，供老年人辅助使用。

浴缸侧墙面距浴缸上沿 150 ～ 200 mm 高处宜设置水平扶手，供老年人在浴缸内转换体位时辅助使用，可以与竖向扶手组合设置，帮助老年人完成起坐姿势的转换。

6. 浴缸坐凳

浴缸内可以加设坐凳类的附属设备，使老年人能够在浴缸内坐着淋浴，保证使用安全。

（三）洗浴区附属设备

淋浴间内及浴缸附近应有可以放置洗浴用品的置物台或置物架，位置宜方便老年人在洗澡过程中拿取物品。置物台面不能过高，要保证老年人可以舒适、省力地按压洗发液、沐浴液；也不能过低，免得老年人在拿取物品时弯腰。设洗浴用品架时不要妨碍老年人抬臂、低头等动作，以免造成意外磕碰。各种五金件要安装结实，不可有尖角，并保证不易碎裂损坏。

浴巾架应设置在洗浴时水不能溅到的地方，高度可在 900 ～ 1 800 mm 范围，低处的浴巾架有时可以兼做扶手使用，此时要注意其负荷能力及安装牢固度应能够达到扶手的要求。

（四）地漏

地漏位置的选择首先要考虑便于排水找坡，其次要注意不影响老年人的脚下活动。地漏的形式要便于清理，并注意防返臭、防溢、防堵。

淋浴间内的地漏通常设在内侧的角落。注意不要将地漏设在淋浴喷头正下方，以免老年人在使用时正好踩在其上，影响排水。另外，地漏与周围地面可能会有略微的高差，因此要注意地漏的位置不能影响淋浴坐凳摆放的稳定性。

淋浴间出入口处还可以设置条形水箅子或挡水条，避免洗浴时的水溢出到淋浴间外的地面；同理，浴缸旁边的地面也应设置这样的下水箅子。也可将条形水箅子设在干湿区分界的位置，防止水流向干区地面。

卫生间干区地面不常沾水，可以不设置地漏，避免水封干涸而返臭。

（五）更衣区家具设备

更衣区应位于干湿区交接处，是老年人洗浴完毕后从湿区转换到干区的过渡空间。更衣区须设置坐具，方便老年人坐姿进行擦脚、将湿拖鞋换为干鞋及穿脱衣服等动作。同时，还应在座位附近安排摆放干净衣物和脱换衣物的台面或家具，并要保证放置干净衣物的位置免受水汽浸湿。

当卫生间空间局促无法安排更衣坐凳时，可将洗浴区和坐便器邻近布置，利用坐便器兼做老年人更衣的座位。

老年人擦脚时，身体会不稳定，即便采取坐姿也最好能有所扶靠。可以在更衣座位前侧方设置扶手，以辅助老年人保持身体稳定，同时还可用作站起和坐下时的抓扶物。

（六）盥洗台

1. 洗手盆

洗手盆中线距侧边的高起物不得小于 450 mm，以保证老年人上肢的活动空间。洗手盆宜浅而宽大，较浅的水池节省了盥洗台下部空间，便于轮椅插入；宽大的水池可以避免水溅到台面上，而且方便老年人洗漱时手臂的动作。站立者与轮椅使用者对洗手盆高度的要求不同，如有条件，可同时设置两种高度的洗手盆。

洗手盆下部应当部分留空，供轮椅插入或坐姿洗漱时使用。考虑坐姿或轮椅老年人适宜的操作深度，以及轮椅或座椅的插入深度，留空高度通常不低于650 mm，留空深度应不小于 300 mm。盥洗台台面深度则应大于 600 mm。

　　洗手盆旁应尽量多设置台面，可摆放一些清洁、护理用品，或暂放洗涤过程中的小件衣物等，方便老年人顺手拿取。

　　2. 盥洗台扶手

　　盥洗台前边沿可安装横向拉杆，利于轮椅使用者抓握借力靠近洗手盆，也可起到搭挂毛巾的用途。

　　针对虽能步行，但下肢力量较弱、需要扶靠的老年人，宜在盥洗台侧边一定距离内设置扶手，供老年人在双手被占用（如洗手）时，将身体倚靠在扶手上维持平衡。

　　3. 镜子

　　洗手盆上方的镜子应距离盥洗台面有一定高度，防止被水溅湿弄污。兼顾坐姿使用的情况，镜子的位置也不可过高，通常最低点控制在台面上方 150 ~ 200 mm 为宜。

　　为弥补老年人视力衰退，可补充设置侧面的镜子或带有可伸缩镜架的放大镜子。浴室中也宜设镜子，以便老年人洗澡时及时发现平时不易察觉到的身体、皮肤等的变化，如皮肤的瘀青等。浴室的镜子应有防雾功能。

　　4. 盥洗坐凳

　　盥洗台前的坐凳宜轻便、稳固，不占用过多空间。可以选择折叠凳，不用时方便收存，或在盥洗台下方考虑放置坐凳的空间。盥洗坐凳也可兼作储物箱。

（七）坐便器

　　与蹲便器相比，应为老年人选择坐便器，这样老年人在使用时体位变化较小，可以减少发生意外的可能。

　　1. 坐便器安装尺寸

　　坐便器常见高度为 400 ~ 450 mm，长度为 650 ~ 750 mm。坐便器前方有墙或其他高起物时，距离应保证在 600 mm 以上，并可在其前方设置水平扶手，帮助老年人借力起身。

　　考虑护理人员的服侍动作，坐便器前方和侧方均应留出一定空间，使护理人员可在坐便器前侧方抱住老年人身体，帮助老年人擦拭、起身。使用轮椅的老年人如希望靠近坐便器，则须在其周边留出更大的空间。

　　坐便器如果紧邻卫生间门，要保证卫生间门的开启边沿与坐便器前端距离不小于 200 mm（放腿的空间），避免他人开门的动作对正在使用坐便器的老年人造成磕碰，发生危险。

2. 坐便器侧墙扶手

坐便器一侧应靠墙，便于安装扶手，辅助老年人起坐。L 形扶手的水平部分距地面 650 ~ 700 mm；竖直部分距坐便器前沿 200 ~ 250 mm，上端不低于 1 400 mm。

3. 坐便器附加支撑设备

老年人有时不能保持身体的稳定，可根据需要对坐便器另加靠背支撑，两侧可加设休息扶手。对于身体非常虚弱的老年人，还可在坐便器前方加设可供手肘趴伏的支架，平时收在侧边，需要时折下使用。

4. 智能便座

智能便座对老年人如厕有很多益处，便于老年人清洗下身，解决了老年人便后擦拭困难的问题，并有利于防治痔疮等疾病。

智能便座旁需就近设置电源插座，并注意防水。考虑多数人是右利手，智能便座的操作面板一般设在右手侧，因此电源插座的位置宜设在坐便器右手的侧墙或后墙上，距地高度约 400 mm。

5. 手纸盒

手纸盒通常设在距坐便器前沿 100 ~ 200 mm、高度距地 500 ~ 600 mm 的范围内，保证老年人伸手可及。目前住宅中常将手纸盒设在坐便器后侧，使老年人取纸时动作幅度过大，易造成扭伤。

老年人记忆力变差，容易忘记及时补充手纸，宜就近放置备用手纸，如采用可以存放两个卷纸的手纸盒。

6. 紧急呼叫器

老年人在卫生间中如厕时突发情况较多，通常紧急呼叫器宜设在坐便器侧前方手能够到的范围内，高度距地 500 ~ 600 mm。其位置应注意避免在使用扶手或拿取手纸时造成误碰。为了让老年人倒地后仍能使用紧急呼叫器，可加设拉绳，绳端下垂至距地面 100 mm 处。

第七节 阳 台

一、空间设计原则

阳台之所以在老年人的日常生活中不可或缺，在于其不但为老年人提供晒太阳、锻炼健身、休闲娱乐以及收存杂物的场所，更为老年人培养个人爱好、展示自我、与外界沟通搭建了平台。

由于身心特征的变化和社会角色的转换，老年人外出的概率相对较低，但从保持身心健康的角度，他们又有与外界环境交流接触的需求。良好的阳台空间有助于加强老年人对外界信息的摄入，对于延缓衰老、保持老年人身心健康有着重要意义。

阳台设计需要考虑以下一些问题。

（一）合理划分阳台区域

住宅中的阳台通常可分为生活阳台和服务阳台。生活阳台也是阳台设计中衍生出来的新式阳台设计，是具有观赏和休闲等功用的阳台，通常生活阳台与客厅或者卧室相连。服务阳台是指兼顾洗衣服、储藏等作用，与餐厅厨房或饭店连接的地区。

阳台通常为南向，空间较大，从利于老年人生活角度考虑，宜具备以下各功能区域。

1. 活动区

生活阳台要有相对集中的活动空间供老年人晒太阳、锻炼身体及与他人交流。如有条件宜尽量设置至少两把座椅，老年人可以与老伴或亲友相互交流。座位的设置还要便于老年人观察室外发生的事件、欣赏户外的景观等，住在一层的老年人，甚至可以与窗外的行人进行视线、语言的交流。

2. 洗涤、晾晒区

阳台要留出摆放洗衣机的空间，并应设置上下水，满足洗涤用水的需要，也有利于清扫阳台的地面。若阳台与起居室相连，要注意衣物的晾晒尽量不要影响到起居室的视野和光线。

3. 植物展放区

老年人大多喜爱种植花草，应在阳台留出摆放花盆、花架的空间。由于花木对光照的需要，大多数花木都会放置在近窗的位置，可为其设置专门的搁置台，并提供上下水以便就近浇灌花木。

4. 杂物存放区

在很多家庭中，阳台往往需要存放各类杂物、旧物，如五金工具、废报纸、过季的鞋等。因此应设置一定的储藏空间，便于老年人归类放置各类物品。

（二）集中布置洗涤、晾衣区

1. 洗衣机宜设置于生活阳台

老年住宅中宜将洗衣、晾衣的动作集中在一处完成。洗晾衣位置的分离，会使老年人反复地走动，并可能使房间内的地面被沾湿，容易导致老年人滑倒。对于行动不便的老年人则更为不利。以往的住宅设计中，通常将洗衣机设置于卫生间或服务阳台，但晾衣必须走到生活阳台。如能将洗衣机的位置移至生活阳台，就可省去搬动衣物的步骤。在设计时，要注意配置上下水管线和带有防水保护的电源。洗衣机旁应配设洗涤池，便于老年人清洗小件衣物。

2. 洗衣机附近应设操作台面

洗衣机附近要有一定的操作台面供老年人放置物品、分拣衣物，而不必因需将物品、洗衣盆放在地上，而导致老年人反复、深度弯腰造成疲劳。

（三）设置分类储藏空间

老年人由于一生的积攒，以及敝帚自珍的天性，家中杂物、旧物、闲置物品往往比一般人更多。住宅室内储藏空间不足时，许多老年人习惯将杂物堆放在阳台上。阳台堆放杂物容易影响到阳台内正常的活动空间，并增加老年人磕绊的危险。如果在阳台对储藏空间进行有效设计，可解决老年人部分物品的储藏问题，避免因随意堆放而使阳台空间杂乱、拥挤。

1. 阳台杂物须分类存放

阳台储藏的物品种类繁杂，所需的储藏空间形式也不尽相同，其中有一些物品需要钉挂、倚靠（如扫帚），有一些需要摞放（如废纸盒、鞋盒）。因此在设计时，应考虑到对阳台的物品进行分类储藏，做到洁污分离，使空间得到有效的利用。

2.阳台宜有实墙面便于储物置物

在满足采光需求的情况下，阳台最好设计一些实墙面，便于钉挂吊柜、倚靠储物柜，或在墙面设置挂小物的挂钩。另外，服务阳台中还可能布置煤气表、燃气热水器、中央空调主机等设备，也需要设置承重实墙面以方便设备倚挂。须注意储藏污物品的空间要与晾晒衣物等清洁度要求较高的空间有效分隔，防止相互浸染。

3.服务阳台可划分成不同的温度区域

服务阳台是理想的食品储藏空间。老年人喜欢储存粮食等食品，如果遇到便宜的价格可能会一次性购买很多，而服务阳台通常朝北，避开了阳光直射，较为阴凉，有利于存放食品。北方地区到了冬季，服务阳台空间温度较低，成为天然的冰箱。过年会置办大量年货及蔬果，当冰箱存储不下时，往往会放到服务阳台中。

因此在设计时，如能将服务阳台划分成不同的温度区，如常温区、冷藏区、冷冻区，迎合老年人利用自然条件进行储藏的需求，便于老年人分类和拿取，也能起到充分利用空间和节能的作用。

（四）巧妙控制阳台进深

1.阳台进深宜满足轮椅的进出及回转需求

老年住宅的阳台以进深较大的方形阳台为宜，并应比普通住宅阳台的面积稍大。除满足种植花草、活动健身、洗晾衣物、放置杂物等多种活动的需求外，还要考虑轮椅的回转空间。因此，阳台进深需要适当加大。

2.阳台进深不足时可局部放大

如果阳台不能做到大进深，可以考虑局部扩大的方法，既能节省一定的面积，也能保证轮椅转圈。

局部扩大的方法：可重新划分阳台及关联空间的面积占比，可拆除分隔墙体（非承重墙的前提下）或利用轻质透明材料隔断重新分隔空间。

3.利用房间与阳台形成空间回路

利用住宅内其他房间与阳台形成空间回路也可以间接解决阳台进深狭窄的问题。生活阳台通常与卧室、起居室等房间相通。如条件允许，建议用阳台连接两个房间，使卧室—阳台—起居室形成空间回路，解决轮椅回转空间不够或轮椅和人交错行走相互干扰的问题。利用阳台门的开启空间完成轮椅转圈也是简单可行的办法。

（五）消除与室内地面的高差

1. 注意消除土建与装修阶段产生的高差

通常情况下，阳台与室内地面之间会存在小高差。在老年住宅中，应尽量消除或减小这类高差，以防老年人出入时不慎绊倒。

阳台与室内地面产生高差有以下两种原因：第一种是在土建阶段，阳台没有封闭的时候，要避免雨水流向室内，阳台地面通常比室内地平略低，会在交接处形成坎。第二种是在装修阶段，由于室内地面与阳台地面的材质不同，可能会在交接处形成高差。在设计时，应尽量事先考虑周到，可采取一定措施加以找坡抹平。

2. 注意消除阳台门槛形成的高差

有时由于阳台采用了推拉门，门框也会导致地面上形成高坎。在为老年人设计时，应注意对门框附近进行一定处理，使高差在 15 mm 以下，以便轮椅可以顺利通过。

（六）注意阳台的保温、遮阳及防雨问题

1. 提高阳台自身的保温性

一般阳台不设置暖气等采暖设施。在寒冷地区，采用凹阳台和半凹阳台有利于住宅阳台的保温和节能。阳台自身的外窗也应增强密闭性，降低导热性，如采用双层中空玻璃等。

2. 保留阳台隔断门调节室温

阳台与相邻空间之间应设置密闭性能优良的玻璃隔断门，以便调节阳台过冷或过热的空气。以往一些住宅在装修时，常会为了扩大室内空间而将阳台玻璃门拆除。但在老年住宅中，建议保留此隔断门，既能加强调节室温的功能，又能防灰尘、防雨、调节通风量。

3. 采取必要的遮阳、防雨措施

东西向房间外的阳台可以起到隔热、防晒的作用，以免射入的光线过于强烈而对老年人造成侵扰。阳台上再采用窗帘等遮阳措施，就能使房间内的环境较为舒适。

阳台还需注意防雨问题。封闭式阳台应做好阳台窗的防渗水措施。开敞式阳台应防止下雨时雨水倒流至房间内，须做好阳台的排水措施。阳台与室内地面的交界处可设置排水箅子，既能防止暴雨、台风来临时雨水流入室内导致地板浸水变形，也有利于阳台与室内地面找平。

二、常用家具及设备布置要点

（一）坐具

1. 坐具两侧应有扶手

老年人一般喜欢在阳台上摆放摇椅或躺椅类的坐具，方便坐在阳台晒太阳、打盹。坐具的两侧应有扶手，防止老年人在半睡眠或睡眠状态下翻转身体时从椅上跌落，并且在起立时可以帮助老年人支撑身体。而在落座时，双侧扶手也有助于老年人保持身体平衡。

2. 坐具旁应设置小桌或侧几

老年人在晒太阳的同时可能会看书报、听广播，因此可在坐具旁设置小桌或侧几，以便老年人有可以放置水杯、药品、收音机、书报以及老花镜等常用物品的台面，保证老年人不必起身即可方便地取放。阳台上最好配有电源插座，便于老年人使用小件电器。

（二）洗衣、晾衣设备

对于老年人来讲，洗衣、晾衣是一项比较繁重的体力劳动。应避免老年人反复地弯腰、仰身，减小劳动强度。

1. 洗衣机的操作高度应方便老年人使用

洗衣机的操作高度要避免老年人在使用时深度弯腰。滚筒式洗衣机宜选择开口位置较高的机型。上翻盖式洗衣机开口的高度较高，对于坐轮椅的老年人查看及取放衣物时有一定的困难，因而不适合坐轮椅的老年人使用。

2. 洗衣机的位置应便于轮椅老年人接近

为方便坐轮椅老年人的使用，洗衣机的操作位置应留有一定的空间，以便轮椅靠近。

3. 晾衣杆的安装尺寸

阳台晾衣杆的横杆宜有两根以上，间距应大于 600 mm，总长度应超过 5 m，以便挂晾更多的衣物。

4. 晾衣杆宜采用升降式

阳台的主要晾衣杆最好为升降式。升降式晾衣杆既可在老年人晾晒衣物时将其降至合适的高度，又可在晾挂衣物后将其上升，避免衣物遮挡光线，同时保证了老年人动作的舒适安全性，防止老年人勉强向上够挂衣物时跌倒或伸拉受伤。

晾衣杆摇柄的安装高度距地不应超过 1 200 mm，以便兼顾坐轮椅的老年人使用。

另外在阳台两端可增设较低的固定晾衣杆，方便老年人平时挂晒小件衣物，既不影响居室的视线又使阳光能更多地照射进房间。晾衣杆的高度应当不超过老年人手臂轻松斜抬的高度，通常为 1 500 ～ 1 800 mm。

考虑大件被服用品的晾晒：老年人的被褥应该经常晾晒，消毒杀菌。考虑到被褥和床单体量大且重，可在阳台中部高度设置结实的、专门晾晒被褥的横杆，方便老年人自行操作。

（三）储物家具

1. 可利用角落设置杂物储藏柜、储物架

阳台通常还会存放一些不宜放在室内其他房间的杂物，可以利用一些不引人注意的畸零角落，特别是在阳台的西立面，可以通过设置墙垛、墙面以固定储物柜、储物架等，也可减少西晒。

2. 宜为洗衣、晾衣设置置物场所

老年人洗晾衣用品的存放，不仅包括洗涤用品、衣架，而且还有用于泡衣与晾衣的塑料盆、桶。由于这些物品使用频繁，宜就近设置储物空间，保证取放便利，避免随意放在地上造成绊脚而致老年人跌倒。除了洗晾衣用品以外，最好还要在洗晾衣区域设置待洗衣物的暂存处。

（四）阳台护栏

封闭式阳台为了获得良好的光线和视野，往往会采用落地玻璃窗。此时有必要在玻璃内侧设置护栏，一方面可以避免老年人产生恐高感，另一方面也能防止轮椅误撞阳台玻璃。

对于开敞式阳台，阳台护栏不宜采用实体栏板，而应选择部分透空、透光的栏杆形式，保证通风良好，也便于老年人坐姿时获得良好的视野。须注意在阳台栏杆底部应设有一定高度的护板，防止物品掉落。

1. 阳台栏杆的高度和形式

阳台护栏的常见高度为 1 100 ～ 1 200 mm。阳台栏杆须结实、坚固，栏杆与周围墙体、地面的连接处应加固。在保证坚固、安全的基础上，阳台栏杆不宜过粗、过密，否则会影响光线的透过和视线的穿透，也会对窗玻璃的清洁带来不便。

阳台栏杆还应防雨、防锈、易擦拭。栏杆供撑扶倚靠的横杆部分应选择触感温润的材质，并可做成扁平的形式，提高扶靠时的舒适度。

2.阳台栏杆可兼做晾晒架

阳台护栏的高度及牢固程度适于兼作晾晒架用。在设置时，要注意护栏与墙面或窗玻璃之间留出适当空档，以便搭晾小物、被褥，也便于清洁。

第八节　多功能间

一、空间设计原则

适老化住宅中除了卧室外，能再有一间备用房间是很有必要的。这个房间作为多功能间，可以在不过多增加住宅总面积的前提下，满足多种使用要求，提升住宅的适应性。

在老年人身体状况较好的阶段，多功能间可作为书房、兴趣室、棋牌室、健身房、休闲室等，也可以作为客卧，供子女、亲友临时住宿。当老年人身体出现失能状况，逐渐需要他人照料时，多功能间可作为护理人员的卧室或老年人的康复训练室。因此，多功能间往往要能按照不同需求改换家具类型及布局。

根据这样的特点，多功能间的设计宜遵循以下原则。

（一）实现功能的可变性

1.多功能间的适宜尺寸

在中小套型户型设计中，因受住宅总面积、总开间的限制，多功能间的开间一般不会过大。但至少要保证有一面墙的长度可以放下一张单人床或沙发床。因此，考虑家具的摆放因素，多功能间的开间最好不小于 2 100 mm，面积为 5 ~ 10 m²。如果房间过小，也会因难以合理使用而导致空间的浪费。

2.采用灵活的隔断形式

多功能间与其他房间的分隔宜采用灵活、可变的轻质隔墙，通过隔断的不同处理实现功能的转换，增强空间的适应性。如根据老年人的需要，可将多功能间隔成小卧室供子女来探望时居住，或作为保姆间；也可以采用较为开放的隔断形式，将其作为书房或娱乐室；还可将隔断拆除，使多功能间与起居室、主卧室等相邻空间连通为一个大空间。

3. 为其他空间借光

在进深较大的住宅中，可以将多功能间的墙做成玻璃式通透隔断，使光线能够射入住宅深处不易获得采光的部分，既达到了借光的目的，又利于老年人与其他家人之间的相互了解、照应。

（二）提高空间的利用率

1. 尽量留出完整墙面

多功能间设计时要尽量保留完整墙面，注意门窗的开设位置，以便满足家具的不同摆放要求，提高空间的利用率。

2. 预留多处插座接口

多功能间宜多设置一些插座和弱电接口，以满足日后改变房间功能时，家具及设备变换位置的需要。不能因为多功能间的面积小，就减少接口的数量，造成实际使用时的不便。插座接口的位置应考虑多种家具摆放时的情况。

二、常用家具布置要点

（一）床、沙发床

多功能间的空间有限，在布置床时，宜尽量靠墙沿边摆放，为室内留出足够的通行空间。在空间有限的情况下，还可以选择沙发床的形式，平时就作为沙发使用，节省活动空间；有亲友、子孙前来探望需要留宿时，可将沙发变床，满足睡眠需求。

（二）书桌

书桌宜靠近外窗布置，以获得良好的采光条件，便于老年人阅读、书写；需注意电脑屏幕的摆放位置，防止产生眩光。书桌的摆放还应注意与窗的开启扇的关系，避免起坐时与内开窗扇冲突。

第九节　走道、过厅

一、空间设计原则

走廊、过厅作为连接各个功能房间的过渡空间，是住宅中不可或缺的组成部分。在老年住宅中，走廊、过厅也是无障碍通行设计的重点。走廊不仅具有通行功能，还可以通过合理的设计，使走廊空间的利用率更高、使用更便利。

适老化住宅的走廊、过厅设计应满足以下几项原则。

（一）节约走廊面积

在适老化住宅设计中，走廊不宜狭窄和曲折，否则易造成轮椅和担架通行不便。通常户内走廊的净宽宜为1 000 ~ 1 200mm。但为了方便轮椅回转和节约面积，可将走廊做一些宽度变化。如在房门集中处将走廊局部扩大，方便轮椅转圈选择方向而不必将走廊宽度整体加大。

应尽可能缩短走廊的长度，这样不仅可以获得更好的空间效果，还可以避免浪费面积。过长的走廊也不利于获得均匀的采光，容易形成采光死角。

（二）保障通行安全

适老化住宅中的走廊不应设台阶及高差，地面宜选用平整、无过大凹凸的材质。如果走廊、过厅的地面与其他房间门的交接处有材质变化，应注意平滑衔接，避免产生高差。

走廊、过厅的主要功能是通行，应为老年人设置连续的扶手或兼具撑扶作用的家具，高度在850 ~ 900 mm。对暂不需要使用扶手的老年人，应在走廊两侧墙壁预留设置扶手的空间，预埋扶手固定件。

走廊要保证良好的亮度环境，尽量利用门和透光隔断墙，使走廊获得间接采光。

（三）灵活利用走廊两侧空间

有条件时，可设置较为宽裕的走廊，当老年人身体健康可自立行走时，可在走廊两侧墙面安排易于拆除或可移动的储物壁柜、家具，使走廊的一部分成为储藏空间；当老年人需要坐轮椅时，可拆除壁柜或移走家具，以便于轮椅通过。

（四）保证走廊可改造性

走廊两侧的墙面不宜都为承重墙，最好有一面为隔墙，易于改造。在必要时，也可将走廊空间开敞化，纳入其他房间，扩大使用面积，实现空间的复合利用。

二、常用家具布置要点

（一）储藏柜、壁柜

设在走廊中的储藏柜可考虑在 850～900 mm 高度处设置台面供老年人撑扶，起到替代扶手的作用。柜深度视具体空间尺寸而定，通常不宜过大，以300～400 mm 为宜，去除柜深后过道的宽度应保证正常通行所需。柜门的宽度应考虑开启时不影响取放物品的操作和通行。

壁柜、储藏柜的柜体及拉手均不能有尖锐的凸出物，以免老年人在行走中不慎磕碰或刮挂。

（二）扶手

较长的走廊中应设置扶手，尤其是老年人夜间去卫生间需要经过的走廊，应在必要处设置扶手，或预埋扶手固定件，以便在需要时安装。

第三章　适老化住宅公共空间设计

第一节　楼梯及走廊

一、公用楼梯

公用楼梯是纵向连接各楼层的空间，从孩子到老年人，很多人都要使用。但是，老年人随着年龄的增加，身体机能开始下降，上下楼梯成了他们的重负。与此同时，因绊倒、摔倒、踩空等原因，从楼梯上跌落的事故也容易发生。为了让所有人都能安全而便利地上下楼，特别是在未设置电梯的情况下，对公用楼梯的坡度、台阶立面缩进深度、宽度加以考虑，是非常重要的。因此，在对公用楼梯进行规划的阶段，就应该考虑如下事项。

布局规划：在布局方面，从各住家前往建筑物出入口的动线应避免复杂化。

平面规划：① 如果在户外设置楼梯，考虑到下雨天时的安全性，应设置遮雨棚；② 应预先确保充裕的面积，以便设置一个安全的、在坡度和形状方面都便于使用者上下的楼梯；③ 在未设电梯的情况下，为使老年人和护理人员都能安全而方便地上下楼梯，应确保足够的宽度。

应对原则：① 应采用安全并便于上下的坡度和形状；② 设置缓步台，在人摔倒时尽量减少跌落距离；③ 如果未设电梯，则应确保充分的宽度，使老年人和护理人员能安全而方便地上下；④ 踏步板和台阶突缘应避免使人绊倒；⑤ 应设置辅助上下楼用的扶手，以及防止跌落的扶手；⑥ 应确保足够的亮度，避免脚下部分昏暗。

（一）规划

1. 坡度

基本标准：无法使用电梯时而有住家的楼层，连接各楼层的公用楼梯之中，至少应有一个满足以下条件：踏步板（T）和台阶高度（R）的关系为 550 mm $\leq 2R+T \leq 650$ mm，踏步板（T）≥ 240 mm。

如果日常上下楼均使用电梯，共用楼梯仅限于紧急时刻避难用，则可以不遵照本坡度规定。

推荐标准：连接各楼层的公用楼梯之中，至少应有一个满足以下条件：坡度 ≤ 7/11、踏步板（T）和台阶高度（R）的关系为 550 mm ≤ $2R+T$ ≤ 650 mm。

附加项目：最好能做到踏步板（T）≥ 300 mm，台阶高度（R）≤ 160 mm。

对于公用楼梯的规定，是老年人前往日常使用的楼内空间时所应满足的最低标准，因此在连接各层的公用楼梯之中，至少有一个满足要求就可以了。

踏步板（T）和台阶高度（R）之间的组合方式有很多种，而能满足上述坡度规定的，在图 3-1 所示范围之内。

①满足踏步板 (T) ≥ 240 mm、坡度公式（550 mm ≤ $2R+T$ ≤ 650 mm）的范围（基本标准）

②满足坡度 ≤ 7/11、坡度公式（550 mm ≤ $2R+T$ ≤ 650 mm）的范围（推荐标准）

③满足台阶高度 (R) ≤ 160 mm、踏步板 (T) ≥ 300 mm 的范围

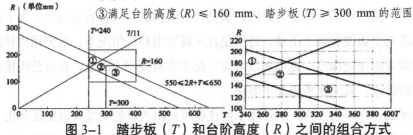

图 3-1　踏步板（T）和台阶高度（R）之间的组合方式

2. 形状

基本和推荐标准：连接各楼层的公用楼梯之中，至少应有一个满足楼梯上方不可深入过道，下方台阶不可突出于过道的条件。

附加项目：连接各楼层的公用楼梯，如果上方深入过道，下方突出于过道，则有可能导致踩空或者绊脚等危险。

连接各楼层的公用楼梯之中，至少应有一个采用带缓步台的折线楼梯或直线楼梯。

在螺旋楼梯的拐弯部分，踏步板形状会发生变化，有可能导致踩空事故，因此不采用。

在螺旋楼梯的拐弯部分，踏步板形状会发生变化，容易导致踩空事故。如果不得不采用螺旋楼梯，则可以通过设置缓步台，减少跌落距离，降低受伤的危险。

为了减少跌落的危险，应避免在上一层地面及缓步台下方 3 级以内设置螺旋形状楼梯。

3. 宽度

基本标准：无法使用电梯而在有住家的楼层的情况下，该层到建筑物出入口所在层或电梯停止层的公用楼梯之中，应有一条的有效宽度为 900 mm 以上。

推荐标准：楼梯及缓步台的有效宽度应尽可能为 1 200 mm 以上。

（二）部位

1. 地面

（1）地面装修。

基本和推荐标准：地面装修应考虑防滑、防绊倒等安全性因素。

具体内容：户外的地面装修中，应选用被水打湿也不会变滑，或者透水性好、不会积水的材料。

楼梯的踏步板顶部和周围其他部分之间，应采用明度差较大的颜色，方便识别。

（2）防滑材料。

推荐标准：连接各楼层的公用楼梯之中，至少应有一个在踏步板设置防滑材料的时候，材料应与踏步板处于同一平面。

防滑材料如果厚度太大，则有可能在此发生绊脚的危险，需要注意。

（3）台阶立面缩进。

基本标准：在有住家的楼层而无法使用电梯的情况下，连接各楼层的公用楼梯之中至少应有一个台阶立面缩进深度为 30 mm 以下。

推荐标准：连接各楼层的公用楼梯之中，至少应有一个台阶立面缩进深度为 20 mm 以下，且设有台阶立板。

连接各楼层的公用楼梯之中，至少应有一个的踏步板顶部与台阶立板之间，采用坡度 60°以上 90°以下的面来顺滑连接，或采用其他避免出现台阶突缘的手段。

2. 墙

（1）扶手。

基本标准：连接各楼层的公用楼梯之中，至少应有一个设置一侧的辅助步行扶手，且设置于踏步板顶端上方 700 ~ 900 mm 的高度上。

推荐标准：连接各楼层的公用楼梯之中，至少应有一个在两侧设置扶手，且设置于踏步板顶端上方 700 ~ 900 mm 的高度上。

具体内容：扶手设置应具有连续性。

具体内容：扶手应尽可能在顶端部分向水平方向延伸 200 mm 以上。

具体内容：扶手顶端应尽可能弯向下方或墙一侧。

扶手顶端，应弯向下方或墙一侧，避免挂到衣服。

直接面临外部的开敞公用楼梯，为防止跌落事故，应设置满足以下条件的扶手。但高度在 1 m 以下的楼梯部分，不在此列。

（2）护墙。护墙等的高度如果在 650 mm 以上 1 100 mm 以下，则应在踏步板顶端上方 1 100 mm 以上的高度上设置。

护墙等的高度如果在 650 mm 以下，则应在护墙上方 1 100 mm 以上的高度上设置。

设置预防跌落扶手的目的在于确保安全性。关于扶手的设置高度，为了确保成年人倚靠时不至翻越过去，应保证地面上方 1 100 mm 的高度，为了确保孩子攀爬时不至翻越过去，应保证护墙上方 800 mm 以上的高度。但是，针对向外部开敞的公共部分，在与专用部分的危险度进行比较之后，应做出更严格的规定。

高度 300 ~ 650 mm 的护墙，有可能被脚踩到，因此扶手的设置高度应在其上方 1 100 mm 处。

不仅是护墙和窗台，只要孩子有可能踩到的位置，就有攀爬翻越的风险。因此在护墙和窗台之外，如果有可能踩到的部分，就应该采取与护墙和窗台上同样的处理方法。

在直接面临外部的开敞公用楼梯中设置的、以防止跌落为目的的扶手，如果位于踏步板顶端及护墙（仅限于护墙等的高度在 650 mm 以下的）上方 800 mm 以内的位置，则扶手柱之间的净距离应小于 110 mm。

扶手柱间的净距离应小于 110 mm，避免人从中穿过去。

（三）照明设备

楼梯的照明设备应考虑安全性因素，确保足够的亮度。

具体内容：楼梯的照明，应多处设置，避免踏步板出现阴影，或者在亮度、角度和位置方面予以考虑，确保能看清踏步板，但应避免光线直射眼睛。

二、公用走廊

公用走廊是连接住家和户外之间的空间。考虑到从孩子到老年人，很多人都要使用，就需要保证所有人都能安全地出入。其中，轮椅使用者从建筑物出入口或电梯间前往各住家，是需要着重考虑的因素。此外，公用走廊也是紧急情况下的避难通道，因此在对公用走廊进行规划的阶段，就应该考虑如下事项。

平面规划：① 为了使轮椅使用者能安全而便利地从建筑物出入口等处前往各住家，以及紧急情况下的避难需求，前往户外的动线，应简明而不致过长；② 为了使轮椅使用者能安全而便利地活动，应确保公用走廊的宽度，或者设置凹室；③ 在规划中，应注意避免扶手出现过多的中断，同时沿着扶手步行的动线不致过长。

结构规划：尽可能在立面结构上避免出现高低差。

应对原则：① 应确保有效宽度，使轮椅可以安全而便利地通过；② 应采用无垂直型高低差的结构；③ 应使用不易滑倒的地面材料；④ 应设置步行辅助用扶手，以及防止跌落的扶手；⑤ 应确保足够的亮度，避免脚下部分的昏暗。

（一）规划

基本标准：公用走廊的宽度应为 1 200 mm 以上。

推荐标准：从各住家经电梯前往建筑物出入口，途中的公用走廊的宽度应为 1 400 mm 以上。

即使是在基本标准中，从各住家经电梯前往建筑物出入口的公用走廊宽度，最好也能在 1 400 mm 以上。

具体内容：公用走廊的有效宽度应尽可能在 1 400 mm 以上，在一些位置要确保轮椅交错通过的空间。如果门厅门邻接公用走廊，则走廊一侧应尽可能设置凹室。

（二）部位

1. 地面

（1）垂直型高低差。

基本标准：如果出现高低差，应满足以下条件或者采用坡度在 1/12 以下（高低差在 80 mm 以下的为 1/8 以下）的倾斜路面，或者既设置倾斜路面又设置台阶。如果设置有台阶，则台阶应满足公用楼梯基本标准中关于形状的条件。

推荐标准：如果出现高低差，应满足以下条件之一。采用坡度在 1/12 以下的倾斜路面以及台阶，且各自的有效宽度为 1 200 mm 以上；台阶应满足公用楼梯推荐标准中关于形状的条件。高低差在 80 mm 以下时，坡度在 1/8 以下，同时有效宽度为 1 200 mm 以上的倾斜路面。坡度在 1/15 以下，同时有效宽度为 1 200 mm

以上的倾斜路面。

注意：扶手应设置于倾斜路途面两侧，且位于地面上方700～900mm的高度上。

（2）高低差处理。针对这些斜坡的坡度，预计会有以下情况。

坡度1/20：自然地形的坡度。

坡度1/15：不必另设台阶的平缓坡度。

坡度1/12：在国际通道符号的公告和标准之中，属于轮椅使用者能够独立上下的坡度。

坡度1/8：倾斜很大，但如果高低差限定在80mm以下，则是能够上下的坡度。

2.墙

为移动而设置的扶手，至少应设置于公用走廊的一侧。但是，不含住家的出入口、动线交叉部分和其他无法设置扶手的位置，以及入口大堂等沿着扶手步行会导致动线明显加长的部分。

扶手应设置于地面上方700～900mm的高度上。

有孩子的家庭入住的住宅楼中，应注意与防止跌落的扶手之间的关系。如为避免孩子攀爬，动作和步行辅助的扶手也应设置在较高的位置上。

直接面临外部的开敞公共走廊（不含一层楼的公共走廊）的防跌落扶手，应满足以下条件：护墙及其他有可能脚踩的部分（以下称护墙等）的高度为650mm以上1100mm以下，应设置于地面上方1100mm以上的位置；护墙高度不足650mm，应设置于护墙上方1100mm以上的位置。

设置预防跌落扶手的目的在于确保安全性。关于扶手的设置高度，有以下规定：为了确保成年人倚靠时不至翻越过去，应保证在地面上方1100mm以上的高度，为了确保孩子攀爬时不至翻越过去，应保证在护墙上方800mm以上的高度；但由于公共部分的使用者是不确定的，需要确保更高的安全性，因此针对向外部开敞的公共部分，做出了更严格的规定。高度不足650mm的护墙，脚有可能踩到，因此扶手的高度应在其上方1100mm设置。

不仅是护墙和窗台，只要孩子有可能踩到的位置，就有攀爬翻越的风险。因此在护墙和窗台之外，如果有可能踩到的部分，就应该采取与护墙和窗台上同样的处理方法。扶手下方的横棂条也是可能踩到的地方，需要注意。

（三）照明设备

公用走廊的照明设备应考虑安全性因素，确保足够的亮度。

具体内容：走廊的照明，应多处设置，避免光线不足，要在亮度、角度和位置方面予以考虑，确保视线良好。

第二节　电　梯

应该确保无论是孩子还是老年人，都能安全地从建筑物出入口到达各层住家，这是很重要的。为了使轮椅使用者等难以使用楼梯的人能够上下楼，就有必要设置电梯。因此，在规划阶段，就应针对电梯间考虑如下事项。

平面规划：为了使轮椅能够在电梯间自由转动，应确保足够的空间。

应对原则：①电梯间应确保足够面积，以便轮椅老年人能够安全而便利地使用；②电梯出入口应确保轮椅能够通过的宽度；③应选择便于操作的电梯类型。

一、电梯设计要点

电梯是实现老年人上下楼便利最有效的办法，最理想的是二层及二层以上的老年人居住建筑均应设置电梯，在电梯方面需要评估以下方面。

（一）居住在多层、中高层、高层的应设置有电梯或楼梯升降装置

目前我国老旧小区很多没有电梯，建筑老旧，一般一层也是有垫高层和台阶，在楼上居住的老年人上下楼困难已经成了全社会的普遍问题。国家和各地政策在推动老旧小区改造的过程中，对于加装电梯也给予了一定的支持和补贴，但是目前总体的改造率还很低。有的小区改造加装了楼梯升降平台或升降椅供老年人上下楼使用。

（二）电梯应针对老年人的生理特征进行设计

电梯候梯厅和轿厢尺寸应能容纳轮椅、代步车和担架通过；电梯关门应有防夹措施，关门时间不宜太快；轿厢应设扶手；电梯按键高度应在 900 ~ 1 100 mm，自行乘坐轮椅时应能按到电梯选层按键。

老年人在家中突发疾病的情况很多，需要及时救助，为了保证老年人急病时的救助安全，因此电梯轿厢尺寸应能满足搬运担架所需的最小尺寸。普通住宅可容

纳担架的电梯轿厢最小尺寸为 1 500 mm×1 600 mm，且开门净宽不小于 900 mm，可利用对角线放置铲式担架车。在急救方面，老年人居住建筑与普通住宅的最低要求是一致的。

（三）电梯报层提示声音清楚，并能清晰显示楼层数；急救呼叫功能正常

电梯运行楼层显示应清晰可视，报层声音音量应大小适中，轿厢内监控系统应运行正常，出现异常时中控室能够及时响应。

（四）电梯间候梯厅深度

电梯间候梯厅深度应不小于多台电梯中最大轿厢深度，且应不小于 1 500 mm，候梯厅尺寸应能容许轮椅转向，回转空间应不小于 1 500 mm。

在增加电梯的过程中，需要考虑候梯厅及电梯轿厢的适老化设计，以保证增加的电梯能够满足老年人的使用需求。在对新建多层住宅的调研中，上海绿地 21 城孝贤坊在垂直交通上就充分考虑了老年人的居住生活需求，其垂直交通除了楼梯外，还设置了一部轿厢尺寸为 1 400 mm×2 100 mm 的可容纳担架通行的电梯，并且候梯厅的深度为 2 400 mm，大于电梯轿厢的深度。电梯的梯门设有透明的探视窗，以便发生意外能看到电梯轿厢里面的情况。轿厢内装有镜面，以便轮椅老年人不用转身就能看到身后的情况，并且设置了低位操作按钮，方便轮椅老年人操作。

二、候梯厅设计要点

候梯厅作为住户进入电梯的等候空间，也需要进行一定的适老化设计，以保证老年人居住的便利性。对于候梯厅的无障碍设计应考虑以下几个设计要点：

电梯候梯厅应确保 1 500 mm×1 500 mm 的轮椅回转空间。

地面应考虑防滑、防摔等安全措施。

与候梯厅相连的走廊两侧宜设置连续的双层扶手。

候梯厅选层操作按钮要考虑轮椅使用者操作的高度要求。

候梯厅的照明设备应考虑安全性，确保足够的亮度。

电梯的轿厢门开启时，其净宽度应不小于 800 mm。

三、电梯轿厢设计要点

在空间允许的情况下，加装的电梯最好为可通行担架的担架电梯，但担架电梯

所占用的面积也相对较大，如果在改造过程中，由于周围环境的限制，不能加装担架电梯，但所加装的电梯轿厢也至少要满足轮椅的无障碍通行要求。具体的电梯轿厢需要考虑的无障碍设计要点主要有以下几点：① 电梯轿厢最小规格为深度不小于 1 400 mm，宽度不小于 1 100 mm；② 电梯轿厢内宜设置防撞设施；③ 电梯内在轿厢三面壁上应设高 850 ～ 900 mm 的扶手；④ 电梯内宜设方便轮椅者使用的低位操作面板，距地 900 ～ 1 200 mm；⑤ 电梯内宜设安全镜，方便轮椅者出入时观察后方，距地宜为 500 mm；⑥ 电梯内宜设置紧急呼叫装置以及语音报层装置。

第三节　建筑出入口

一、单元入口室外台阶

单元入口的坡道和台阶是老年人进出单元的主要通道。室外台阶是建筑出入口处室内外高差间的交通联系部分，台阶级数、踏步高度和踏步宽度等应便于老年人行走。室外台阶对于老年人通行的友好性评估，可以从以下方面进行。

第一，台阶踏步宜不少于两步，如果为一步台阶，应有醒目标识，单元入口台阶不宜过多。

一步台阶是非常危险的，如果小区单元门口只有一步台阶，且高度只有一张 A4 纸长度的 1/3（约 100 mm），使用者会因看不清台阶的存在而跌倒，这对于老年人的伤害会很大，所以室外台阶和踏步宜不少于两步，而且视觉上要清晰。然而，过多的台阶又会对老年人行走带来极大的不便。

第二，台阶踏步宽度宜不小于 320 mm，踏步高度宜不大于 130 mm；台阶的净宽不应小于 900 mm，各级台阶高差不明显。

台阶是老年人发生摔伤事故的多发地，因此，通常采用加大踏步宽度、降低踏步高度的做法方便老年人蹬踏。同时应注意保证台阶的净宽，避免发生碰撞，特别是对持拐杖的老年人，下台阶的姿势一般是侧身踏步，应留有足够的活动空间，避免碰撞可能产生的危险。

第三，不应采用无踢面和突缘为直角形的踏步。老年人在无踢面台阶上行走容易绊倒，而使用拐杖的老年人在直角突缘的台阶上行走时，凸出的踏步容易勾住拐杖杖头，有绊倒的风险。

第四，出入口台阶应在临空面采取有效的防护设施，台阶总高度超过 700 mm 时防护措施净高应大于 1 050 mm。

出入口台阶总高度过高时，应在临空面采取护栏等防护措施，防止老年人意外跌落或轮椅滑落，造成人身伤害，如果台阶总高度不高，可利用绿植等给予明显分割。如果临空面高度过高，则必须采取相应高度和安装牢靠的防护措施。

临空处栏杆高度应超过人体的重心高度，才能避免人体靠近栏杆时因重心外移而坠落。据统计，成年男子在未穿鞋子时直立状态下的重心高度约为 994 mm，穿鞋子后的重心高度约为 994 mm+20 mm=1 014 mm，手扶或依靠栏杆时重心又有所提高，因此，室外低层和多层建筑室外防护栏杆的高度不得低于 1 050 mm。

第五，出入口台阶如果净宽过宽，两侧应设置栏杆扶手供人踏步时使用，因为老年人本身行走不稳，上台阶时需要有所支撑以保证安全。当台阶宽度大于 1 800 mm 时，两侧设置的栏杆扶手高度应不低于 900 mm。

第六，台阶应使用防滑材料或进行过防滑处理，如果踏步表面安装防滑条，则不应凸出踏步表面，雨天和冬季台阶也应保持良好的防滑效果。

室外台阶面层材料应防滑，一般采用天然石材、水泥砂浆、混凝土、斩假石（剁斧石）、瓷砖、砖、防滑地面砖等材料铺设。在北方地区，室外台阶应考虑抗冻要求，面层选择抗冻、防滑的材料。

第七，台阶不应产生对老年人上下台阶造成障碍的损坏。

第八，在台阶起止位置宜设置明显标识，踏面和踢面颜色有所区分。为防止老年人绊倒和跌倒，台阶起止位置宜设明显标识，可在台阶起止位置的地面粘贴醒目的标识，或使用颜色区分明显的踏步饰面材料，利用醒目的颜色变化起到相应的提示作用。

第九，夜间台阶处照明条件良好。老旧小区单元入口有时照明条件不好，夜间昏暗无光，老年人由于视力和身体灵活性变差容易在台阶处绊倒摔伤，所以在单元入口处的台阶上方应有良好的照明条件或安装阶梯灯，使得台阶在夜间也易于辨识。

二、单元入口坡道

无台阶、无坡道的建筑单元入口对于老年人而言是最为便利和安全的，然而多数单元入口和建筑室外路面存在高差，必须设置台阶或坡道。单元入口的坡道是老年人行走和轮椅通行的通道，所以坡道的宽度、坡度、长度和安全扶手等方面都是评价其是否适合老年人的主要方面。

第一，建筑入口设台阶时，应同时设置轮椅坡道和扶手，坡道宜为直线式、直角形（L形）或折返式，不宜为弧形。

居住建筑入口设台阶时，必须设轮椅坡道和扶手。根据"以人为本"和"尊重自然规律"的观点，在进行宜居建筑设计时，不仅要考虑人与自然的和谐共生，而且要考虑让全社会的成员，特别是残疾人、老年人等都能方便地出入。

坡道的形式一般宜采用直线式、直角形（L形）或折返式，便于轮椅水平稳定通行，为了避免轮椅在坡面上的重心产生倾斜而发生摔倒的危险，坡道不应设计成圆形或弧形。

第二，单元入口坡道的净宽应不小于1 200 mm，坡道的起止点应有直径不小于1 500 mm的轮椅回转空间。当只采用坡道时，净宽不应小于1 500 mm。

坡道净宽不小于1 200 mm，能够保证轮椅和行人对向通行，行人能够侧身通过，而1 500 mm的宽度可以保证轮椅与行人正面通行。

当轮椅进入坡道前进行一段水平冲力后，能节省坡道行进的力度，所以在坡道起点需要有一定的回转空间。此外，当轮椅行驶完坡道要调转角度继续行进时也需要一个回转空间。实践表面，直径为1 500 mm的面积对于轮椅来说是比较舒适的回转空间，考虑室外空间相对于室内空间来说更加宽裕，所以规定坡道的起止点应有直径不小于1 500 mm的轮椅回转空间，以方便乘轮椅的老年人使用。

第三，室外轮椅坡道的坡度应不大于1：12，最大高度不宜高于750 mm，长度不宜超过9 000 mm，平台的深度应不小于1 500mm。如果单元入口只采用坡道而没有台阶时，坡道宽度宜不超过1：20。

坡道的坡度大小是关系轮椅能否在坡道上安全行驶的先决条件。国际上，对于入口坡道的坡度一般规定为1：12,既能使一部分使用轮椅的老年人或残疾人在自身能力所及的条件下可以通过，也可使病弱或老年坐轮椅者在有人协助的情况下通过。很多老年人不得不借助轮椅出行，而其中有相当一部分老年人没有人陪护。所以应尽量设置平缓的轮椅坡道，在有条件的地方，可进一步降低坡度。过陡的坡度不仅让使用者体力消耗过大，也会增加危险性，当受场地条件所限而不得不采用较陡的坡度时，应设置指示牌提醒使用者注意。

长坡道上升一定的高度还要设置休息平台。休息平台的设置是出于安全的考虑，避免轮椅下滑速度过大产生危险。当采用1:12的坡度，高度达到750 mm，长度为9 000 mm时，需要在坡道中间设置休息平台，平台深度应不小于1 500 mm。

第四，坡道两侧应设置扶手，坡道与休息平台的扶手应保持连贯，安装牢固；临空侧应设置栏杆，并在栏杆下端宜设置高度不小于50 mm的坡道安全挡台。

拄拐杖者和乘坐轮椅者在坡道上安全行走需要借助扶手向前移动，扶手能够保证重心稳定，提供安全感，因此坡道与休息平台的两侧应设置扶手，扶手应保持连贯。

轮椅坡道侧面临空时，容易出现拐杖底部或轮椅小轮滑出，造成安全隐患，为了防止拐杖杖头或轮椅前轮滑出栏杆间的空隙，在栏杆下须设置安全挡台，高度不小于50 mm，或者也可以做与地面空隙不大于100 mm的斜向栏杆等。

第五，坡口与路面之间不应有高差，坡面应坚实、平整、无破损。

坡道坑洼不平整会加重轮椅使用者的负荷，坡道不应光滑，也不应在坡面上加防滑条和做成锯齿形（防滑的锯齿形）的坡面。

第六，坡道及进出停留空间范围内不应被栏杆、石墩、减速带、停放的车辆等阻挡。有的小区为了防止摩托车、电动车、自行车进入楼道，用石墩、栏杆等将单元入口处的无障碍坡道堵住，这样使用轮椅的老年人就无法使用坡道，有的坡道入口或起点回转空间被停放的自行车挡住，也会影响使用，适老性社区应杜绝这类现象发生。

三、单元门

单元门是进入楼宇的出入通道，单元门出入口平台和单元门应能便于老年人进出，包括可自行使用轮椅和代步车的老年人。单元出入口对于老年人通行的友好性评估，可以从以下方面进行。

第一，单元牌号标识清晰醒目，易于辨识。当老年人年龄过高或精神状态不佳时容易走错路，进错单元，有时一栋楼的入户防盗门又一样，造成老年人走错单元开错门。所以，单元牌号标识应清晰醒目，易于辨识。

第二，单元门不应有高出地面的门槛，或两侧设有不影响单元门使用的可供轮椅进出的门槛斜坡。

很多单元门设计留有门槛，使用轮椅或代步车的老年人不能自行进出单元，会给老年人的生活造成很大的不便，部分人会因为怕麻烦家人，尽量减少出门的次数，而减少户外活动势必影响老年人身心健康。所以，单元出入口宜采用不带门槛的单元门，如果有门槛，则宜在两侧设有斜坡，可用斜坡垫、门槛板等。

第三，出入口的门洞口宽度应不小于 1 200 mm。门扇开启端的墙垛宽度应不小于 400 mm。出入口内外应有直径不小于 1 500 mm 的轮椅回转空间。

单元出入口的宽度应能保证轮椅和代步车自由进出，在正常做法下，安装门体后的净宽可以达到 1 100 mm。门扇开启端设置不小于 400 mm 的墙垛净尺寸，是为了便于乘轮椅者靠近门扇将门打开。在出入口门扇开启范围之外留出轮椅回转面积，是为了避免发生交通干扰。

第四，单元门开关力不应过大，一只手能够易于开启，宜设置感应开门或电动开门辅助装置，开门辅助装置的按键或刷卡高度应为 900 ~ 1 100 mm，按键大小易于老年人识别与操作；平开门应有闭门器，且功能正常；应有便于老年人抓握、施力的把手。

楼道单元门一般采用平开门，旋转门不利于轮椅或助行器等通行，对行动不便的老年人也存在安全隐患，多数也没有条件使用推拉门。平开门闭门器可避免门扇开闭过快伤害老年人，闭门器启闭的力度和时间，需要根据轮椅通行及老年人行动特点进行调适。电动开门辅助装置如自动门禁等可以帮助力量衰退的老年人，感应开门装置还可以避免感知能力衰退的老年人发生与门碰撞或者被夹伤的意外。当设置感应开门或者电动开门辅助装置时，要保证足够的通过时间。电动开门辅助装置的高度应确保轮椅使用者方便操作。

第五，单元门门扇应设安全窗，高度能兼顾轮椅使用者的视线要求；当门扇有较大面积的玻璃时，应设置明显的提示标识。

安全窗的目的是方便进出人员观察门对面是否有人，防止发生碰撞。当门扇有较大面积的玻璃时，设置明显的提示标识可防止老年人看不到玻璃，发生磕碰。

第六，单元门出入口的上方应设置雨篷，雨篷的出挑长度宜超过台阶首级踏步 500 mm 以上。

设置雨篷既可以防雨，又可以防止出入口上部物体坠落伤人。雨篷覆盖范围增大，可以保证出入口平台不积水。

第七，出入口的地面、台阶、踏步和轮椅坡道均应选防滑、平整的铺装材料，妥善组织排水，防止表面积水。设置排水沟时，水沟盖不应妨碍轮椅的通行和拐杖等其他代步工具的使用；出入口附近的雨水篦子间隙和孔洞应不超过 15 mm×15 mm。

出入口是老年人容易发生摔倒等事故的重点区域，出入口地面装修材料经常是建筑内装材料的延续，如果处理不当，在雨雪天气时地面会特别湿滑，因此出入口地面防滑处理非常必要。排水沟的水沟盖与路面不齐，或空洞大于 15 mm 时，会因羁绊、卡住拐杖和轮椅小轮等造成危险。

第八，门厅走廊和过道宽度应能允许轮椅和老年人代步车自由通过，宽度应不小于 1 200 mm。单元门向内开启时，应有凹室，开启后的门扇和乘轮椅者的位置均不影响走道的通行。

第九，楼道两侧墙面应有护墙板，地面平整，遇水不滑，走道转弯处的阳角宜为弧面或切角墙面，走道内无障碍物，并具有良好的照明。

为防止轮椅在过道上行驶速度过快时的碰撞危险，走道转弯处的视野要开阔。为了避免轮椅的搁脚踏板在行进中损坏墙面，在走道两侧墙面下方应有护墙挡板。

第四节 通 道

一、车行通道

作为机动车和非机动车辆驾驶者，老年人需要较宽的车行道、醒目的道路交通标识、充足的夜间照明，以及在出入口、交叉口和道路转弯处对视距三角形的保证；作为乘客，老年人需要道路设计具有良好的可达性，以保证车辆和救护车能够到达住宅的出入口；而作为步行者，老年人在穿越车行道时，需要醒目的安全设施。设计要点总结如下。

安全性：养老设施内车行系统应分级设计，可分为主干道——连通园区内外，次干道——满足园区内部车辆的需求。主干道围绕园区外围布置，避免对老年人的行为活动造成干扰。

可达性：道路设计应简洁流畅，车行道单车道宽 3 000 ~ 3 500 mm，双车道宽 6 000 ~ 6 500 mm，方便救护车、消防车、服务用车及轮椅通行。在有条件的情况下可单独设置非机动车道，自行车单车道宽 2 000 mm，双车道宽 3 000 mm。

交叉口设计：交叉口设计应体现步行优先原则，道路转弯处保证视距三角形，视线高度不种植高大灌木。

夜间照明与交通标识：主要道路应有足够的夜间照明设施，并设有明显的交通标识。

二、步行道

步行是老年人的主要场所转移方式，也是老年人平时的一项重要活动。在进行步行系统的设计时应考虑到老年人的生理体能特点及其对步行环境的要求。

步行道主要包括与行车道结合设置的人行道、独立设置的步行道及与景观结合设置的园路三类。其中，与行车道结合设置的人行道主要满足老年人出行的交通需求，应在保证道路宽度、强调无障碍设计的基础上，加强对道路铺装的设计及照明设施、交通标识等的设置，并避让公共设备；独立设置的步行道和景观园路则更多应满足老年人对于健身、休闲、社交和休憩的需求，应加强对步行路线、步行道宽度、坡度、坡道、台阶、扶手、铺装等的设计，同时增加休憩设施。

（一）步行道宽度

除了满足常规步行道要求外，老年人的步行道设计需考虑轮椅使用者安全通行的要求。允许一辆轮椅通过的最小宽度为 1 000 mm，因此园区主要道路的人行道宽度应至少保证两辆轮椅并排通过，宽度不能小于 1 800 mm，次要道路的宽度不能小于 1 500 mm，能够保证轮椅使用者与步行者正面通过。园路可适当减小宽度，但最小宽度不应小于 1 000 mm，保证一辆轮椅使用者的通行。自步行道路面起限定范围内应保持其有效空间，此范围不允许树木枝叶、电线杆及其附属物和广告牌伸入。步行道的宽度根据道路等级和道路流量的不同，对其高度也有不同要求，至少要保证人行道 2 500 mm 的高度范围内无障碍物。园路可适当降低高度，但至少要保证 2 000 mm 的净空。

（二）铺装

老年人一般反应较迟钝且骨质疏松，行动较为缓慢，只要一不小心发生跌倒碰撞就会带来严重后果。因此，铺装的材质及铺砌方式的选择对老年人来说尤为重要。铺装有多种路面做法，老年人使用的辅助设施对各种不同的路面做法会产生不同的通行问题，因此需根据不同的场地选用合适的铺装材质与做法。步行道的铺装应选用吸水或渗水性较强的面材，应避免不平整的地面，如果铺装有突出，突出部分须在 5 ～ 10 mm 的范围内。路面铺装材质之间的缝隙宽应不超过 15 mm，不得采用限制步距和妨碍使用轮椅及助行器具通过的做法。

三、道路设施

道路设施主要包括道路照明、交通标识、交通标线、交通信号灯、垃圾箱等，对于老年人而言，这些都与其出行与使用的安全便捷有着明显的影响。

步行道的照明应依据路形、路宽、路间距等合理布置照明间距和灯具数量，满足基本照度要求。这种照明也是附带了一定景观需要的功能性照明。灯具一般呈单列，既能满足照明要求，也能节约用电量。照明间距一般在 10 000 ～ 20 000 mm，安装高度通常在 2 500 ～ 4 000 mm，一般不应超过道路两侧建筑物平均高度的一半，也不应小于道路宽度的一半。与车行道结合的步行道的照明设施宜选带遮光罩下照明式，光线投射到路面上要均衡，避免直射路人的视线或照射在居住建筑上，影响老年人休息。独立设置的步行道与园路应避免强光，采用较低处照明，光线宜柔和。

交通标识包括路标、指示牌、地图等。对于老年人来说，由于视力与记忆的衰退和建立新概念的困难，如果缺乏环境识别性，往往会给他们判别方位带来较大困难，给他们的出行带来一定障碍。因此，应在标识的文字尺度、图形、色彩、照明、高度等方面加强适老性。此外，为了更好地满足老年人的需求，可考虑给标识增设声音、触觉感应的辅助。

文字尺度：标识文字的尺度应按步行速度和距离决定，字体的笔画最好不要超过十；采用没有装饰的粗字体，且字母之间要有空隙；应采用灯光、鲜艳的颜色或者触摸设备来强化提醒作用。

图形：图形应与背景边界明晰、对比明显、易于识别；图形应完整闭合、一目了然，构图元素应尽量采用水平或竖直的块、面，不宜用单线、折线或不规则线条构图。

色彩：标识物应采用明亮、鲜艳的色彩，建议用黄、橙、红等亮色，不要用蓝、紫色系等老年人不宜识别的颜色；字体与背景要有强烈对比，从而刺激老年人的视觉感官，引起老年人的注意。

标识照明：在进行标识的照明设计时应适当提高设备的照度，老年人在使用标识时，如果文字越小就需要越大的照度，标识表面材料应耐用和无反光，标识应有夜间照明，以便识别。

标识高度：乘轮椅者的视点平均高度为 1 150 mm，最大高度为 1 600 mm，因此标识牌的内容高度宜选取 700 ~ 1 600 mm 并易于看清的位置，并且应避免行人及其他物体遮挡乘轮椅者的视线。

垃圾箱是养老设施建筑外部空间环境中不可缺少的卫生设施。垃圾箱应简单、实用，在外形上，可以选择盒形、方形、圆形、模仿各种生物形态的仿生造型以及两箱的形式，但是垃圾投放口最好是隐藏口投放形式，避免影响美观和造成空气污染。材料的选择多样，应选择坚固耐用、防水的材质。在规格和尺寸设计上，普通垃圾箱的尺寸为高 600 ~ 800 mm，宽 500 ~ 600 mm，老年人使用的高度可适当降低。沿道路每隔 500 m 设置一处，但由于老年人特殊的身体情况，多有咳嗽、咳痰发生，因此在老年人常出现的道路和活动场地每隔 20 m 应设置一个垃圾箱，便于老年人处理有菌废纸。

四、道路景观

沿人行道选择松树、柏树等常绿树木作为绿化隔离带，为避免对老年人的出行造成威胁，尽量不要选择高大的落叶乔木及多刺的植物。独立设置的步行道与园路两边的植物应多样有趣且不过于密集，保持视线畅通，有利于增加老年人的安全感。

除上述内容外，三种不同类型的步行道还应满足下列要求。

（一）与车行道结合设置的人行道无障碍设计

老年人使用的人行道应设计成无障碍通道系统。人行道的无障碍设计主要包括坡度及缘石坡道的设计。

1. 坡度

在王小荣主编的《无障碍设计》一书中，对于人行道的坡度提出了残疾人的使用要求，而在道路的使用上，老年人与残疾人有着相似的需求。在平原、微丘地形的人行道最大纵坡一般不大于 2.5%，地形困难的路段最大纵坡不大于 3.5%。人行道最佳坡度为 0.3% ~ 1.0%，超过 4% 时，上行中需要借助扶手。

2. 缘石坡道

为了方便腿脚不便的老年人特别是乘轮椅者通过路口，人行道的路口需要设置缘石坡道。在缘石坡道设计方面，由于老年人和残疾人有着相似的需求，因此可以参考无障碍设计中对缘石坡道的要求。

缘石坡道的坡面应平整、防滑；缘石坡道的坡口与车行道之间宜没有高差，当有高差时，高出车行道的地面不应大于 10 mm。

通过对相关书籍资料的总结分析，缘石坡道主要分为单面缘石坡道、三面缘石坡道、扇面缘石坡道三种类型。实践表明，在这三种类型的缘石坡道中，单面缘石坡道是一种简单又便利的缘石坡道。此外，各类型缘石坡道根据设置的位置不同有相应的不同要求。

单面缘石坡道主要用于人行道中间、人行道道口及人行道转角处，由于一般设置单面缘石坡道时，其宽度与人行道宽度相同，因此又称为全宽式单面缘石坡道。单面缘石坡道的坡度不应大于 1∶20。考虑到视力不好的老年人的出行安全，在人行道路面发生变化的地方应设置色彩明亮、材质触感强烈的提示砖。

三面缘石坡道用于人行道中间及转角处。三面缘石坡道的正面坡道宽度不应小于 1 200 mm，其正面及侧面的坡度不应大于 1∶12。

扇面缘石坡道一般较少采用，用于人行道中间及转角处。扇面缘石坡道下口宽度不应小于 1 500 mm。

（二）独立设置的步行道与园路

将大多数独立设置的步行道与园路设置在主要建筑中可看到的地方，特别是能让养老设施内工作人员看到的地方。其起始点应设在使用率较高的建筑物出入口，并与其有良好的衔接，方便老年人出行。

独立设置的步行道与园路路面应平整、防滑、不松动。如果有窨井盖板，应与路面保持平齐，且算子孔直径不应大于 15 mm。

路面不应有高差，如果必须设置高差时，应在 20 mm 以下，保证轮椅使用者可以自己行动。另外，应设置不同长度及坡度的步行道，让老年人可以根据自身的身体情况选择步行线路。

1. 步行线路的设计

步行线路的设计一方面会影响老年人去往目的地的积极性，另一方面步行线路与空间序列的关系也会影响老年人在建筑外部空间环境活动的积极性。在养老设施内，老年人主要有两种出行目的，一是进行必要性活动的步行人群，如老年人出入居住建筑和在居住建筑、餐厅、娱乐中心、服务中心之间的往返；另一种主要以娱乐消遣为目的，对于老年人来说主要有散步、慢跑、溜达等。独立设置的步行道与园路根据老年人不同的出行目的，应采取不同的设计手法。

（1）必要性活动步行线路。必要性活动是在各种条件下都会发生的，这类活动较少受到物质环境的影响，同时对外界环境的要求也较低。对于这类必要性活动，在设计步行线路时，要考虑老年人抄近路、右侧通行与左转弯等心理，不要设计过多弯曲，路面应避免出现高差，需要能够保证老年人在使用频率较高的建筑之间快捷、无障碍地通行。

（2）消遣性活动步行线路。消遣性活动步行线路的设计应满足老年人快步健身或休闲漫步的需求，同时还能欣赏景致，偶遇朋友可停下来聊天。线路应长而循环，围绕绿化景观布置，并能途经主要的活动区域，创造能够促进老年人之间交流的空间。考虑到老年人的视力和记忆力减退、辨别方向能力较差等特殊性，步行线路不应出现过多的岔口，并且在步行线路的转折点和终点应考虑设置标识物，增强步行线路的导向性。

在步行道的线路设计上，应处理好路径进程与视觉的联系，有心理学家曾提出"边界效应理论"，指出老年人更愿意在建筑物、树丛等边缘地带停留。当步行道沿着空间的边缘设置时，老年人既可以感受到大空间的尺度，又能观赏街道或空间边缘的细节设计，令人心旷神怡。但是在大的空间里，老年人会有被暴露、被窥视的感觉，从而产生不自在和不安全的感觉。路径和空间序列有着非常丰富的关系，不同路线与空间序列的关系会对老年人产生不同的吸引力。路径与空间紧密联系，因此，应根据空间的特征设置相应的路径，从而形成多种空间效果。

园路通常形式丰富，曲折多变，在进行设计时，需要考虑轮椅使用者，可设置一条适合其游览的路线。园区绿化景观中可设置一条完整的无障碍游览线路，供轮椅使用者通行。

2. **步行距离与坐息空间**

从体力上来说，老年人步行时间与距离有限，一般健康老年人步行 10 min，步行距离大于 450 m 就会感到疲惫，因此步行线路的设计应该控制在这个范围内。独立设置的步行道与园路由于主要功能是为老年人提供消遣性活动，因此确定适当距离的关键不是实际的路径距离，更重要的是感觉距离。如果在一段步行道上增加中间目标，如在步行道路中途每隔 150 m（当坡度大于 8% 时，宜每隔 10～20 m）设置座椅或不同形式的坐息空间，给老年人创造不同的感受，从而为老年人步行缔造良好的外部条件。

第四章 交互模式下适老化住宅设计

第一节 住宅与个体行为交互设计依据

一、适老化建筑交互设计理论

生态心理学把人、社会、自然三者作为一个整体，来研究人的行为、心理和所处环境之间的交互作用关系，揭示各种环境条件下人的行为、心理发生和发展的规律。机构养老服务以设施建设为重点，通过设施建设，实现其基本养老服务功能。养老服务设施建设重点包括老年养护机构和其他类型的养老机构。因此，需要将生态心理学相关研究理论作为交互关系研究的基本理论参照，研究生态心理学与机构型养老建筑空间行为交互设计中的理论联系，为机构型养老建筑空间与老年人行为之间的交互关系研究做好理论基础铺垫。

（一）交互设计理论基础

对环境和行为关系的深入研究和对传统心理学的突破，是由罗杰·巴克（R.Barker）和詹姆斯·吉布森（James Jerome Gibson）来完成的。巴克的行为场景理论和吉布森的生态知觉理论确立了生态心理学的主体思想，其相关理论研究对"交互关系"的理论影响较为直接。美国心理学家詹姆斯·吉布森著有《视知觉生态论》一书，书中对人如何拾取环境的潜在信息，以及环境如何影响人的认知理解，即环境和人之间的"交互作用关系"进行了阐述，对机构型养老建筑内老年人的行为活动、行为领域等研究样本在不同时刻内的切片进行了采集与分析，其调查与实证性分析的逻辑方法主要应用巴克的行为场景理论，同时结合行为场景理论中关于交互关系的相关研究，对机构型养老建筑空间与入住老年人行为之间的交互关系进行实证性分析。在对交互关系作用过程中老年人行为对空间的反馈影响的分析中，本书主要应用吉布森的生态知觉理论中关于环境与行为"共振"

的相关研究，来分析老年人群簇行为领域的形成对其所属交往活动空间的反馈影响程度，并以此作为标准来衡量行为对空间的反馈影响状况，将设计师的主观设计预想和老年人对建筑空间的利用实态相联系。

（二）环境行为学领域的理论更新

依据上述环境行为学相关理论研究发展，本书强调从整体系统、动态可变、非二元的环境行为相互渗透的角度去分析老年人行为与建筑空间的交互关系问题，以整体关系研究为出发点来引导机构型养老建筑空间行为交互设计。结合相关理论研究观点，归纳总结出交互关系的相关理论对本书研究对象——机构型养老建筑空间设计理论的影响。首先，设计思维受到建筑决定论的影响，设计师通常片面强调空间对老年人的社会关系形成的决定作用，希望机构型养老建筑内的空间使用者——老年人能够按照设计师的设计意图生活，而实际的空间使用状况却常常和设计师的设计意图相矛盾；其次，由于老年人的行为与空间环境处于不断的相互渗透中，建筑设计也应当不断地满足这个变化的系统的需求，因而是一个动态持续的过程；再次，目前机构型养老建筑设计忽视了建筑设计本应有的多种因素相互交织的系统整体性和老年使用者的主体性，往往使建成后的建筑空间环境与老年人的组织结构、行为方式和心理认同等产生矛盾，割裂了人与环境之间的关系。而本书正是基于空间环境与行为交互关系的研究，试图通过交互设计来解决建筑空间设计和使用者行为之间的关系问题。

二、交互设计理论对环境与行为的概念界定

本书内容主要集中在空间与行为层面，以生态心理学相关行为概念为理论基础，结合机构型养老建筑内老年人的生活实态调查，从"行为活动"和"行为领域"两方面对老年人的行为进行研究。"行为""行为活动""行为领域"三者的区别与联系如下：本书对"行为"的定义范围更大；"行为活动"是"行为"在空间中的具体外在表现，即"行为"受到建筑空间的影响产生不同属性、不同种类的"行为活动"；"行为领域"则是老年人内在心理需求引导"行为活动"形成的具有人格化的区域或场所，从而对建筑空间产生反馈影响。

三、交互关系的构成要素划分与概念界定

形成交互关系需要具备三个要素：对象、介质、过程。其中，交互对象包括

交互客体对象（建筑空间）和交互主体对象（老年人）。建筑空间影响老年人的行为活动，老年人的内在需求引导行为活动形成交互介质（行为领域）反馈影响建筑空间，从而完成交互过程。本节对交互关系构成要素的基本理论概念进行介绍，并结合实地调研数据，对机构型养老建筑内的交互对象、交互介质和交互过程进行深入调查分析，从而实现对机构型养老建筑空间与老年人行为的交互关系解析。

（一）交互客体对象（建筑空间）

建筑空间作为机构型养老建筑内的交互客体对象，其影响老年人行为活动发生和进行的因素包括空间基本功能配比、空间的属性与层次及空间的整体构成形式。

（二）交互主体对象（老年人）

在机构型养老建筑内，空间环境的使用者包括老年人、护理人员、管理人员，以及来访人员等。其中，入住老年人作为机构型养老建筑空间的使用主体是交互关系的主要研究对象。

（三）交互介质（行为领域）

区别于环境心理学中的传统领域概念，本书以交互关系相关理论研究为基础，将老年人的行为领域定义为交互介质。这是因为交互介质（行为领域）的形成是交互过程得以实现的关键，联系着交互过程的开始点与结束点。在交互过程中，先是空间引发并影响行为活动，然后交互介质（行为领域）的形成反馈影响空间，从而完成交互过程。

（四）交互过程（引发与反馈的两个作用阶段）

交互关系的作用过程是本书的核心研究内容，机构型养老建筑内的交互关系作用过程较为抽象，需要结合实地调研，对交互过程进行具象化阶段性分析。本书将机构型养老建筑空间与老年人行为的交互过程划分为引发与反馈这两个阶段，交互过程的两个阶段彼此交互进行、交互影响、交互作用。

交互过程引发阶段：空间对行为的引发影响，即机构型养老建筑空间对老年人行为活动的引发影响，具体表现为交互主体对象（老年人）的行为在交互客体对象（建筑空间）的引发影响下产生不同属性、不同类型的老年人行为活动。建筑空间内产生多样性的老年人行为活动类型，同时各类型的行为活动之间不会产生干扰，行为活动保持良好的秩序性，则说明交互客体对象（建筑空间）对行为活动产生了积极的引发影响；反之，建筑空间对老年人行为活动的引发影响则是消极的，已有空间设计则不利于老年人行为活动的展开。

交互过程反馈阶段：行为对空间的反馈影响，即老年人行为领域对所属建筑空间的反馈影响，具体表现为交互主体对象（老年人）的内在需求引导行为活动形成交互介质（行为领域），进而对交互客体对象（建筑空间）产生反馈影响，如行为领域的形成会赋予原有建筑空间新的功能，或者将空间属性进行置换。交互介质（行为领域）对所属空间固有属性及功能的反馈影响程度越高，说明已有建筑空间设计越无法满足老年人的内在心理需求；反之，交互介质（行为领域）对所属空间固有属性及功能的反馈影响程度越低，则说明已有建筑空间设计越能够满足老年人的内在心理需求。

四、空间与行为交互设计依据

（一）空间与行为交互设计策略建立的出发点

要以机构型养老建筑空间与老年人行为之间营造良好的交互关系为出发点建立空间与行为交互设计策略（在既有研究领域内已经归纳总结出针对机构型养老建筑的卧室、餐厅、起居室、卫生间等空间的无障碍、适老性以及色彩、照明等环境细部设计的大量研究成果，故不在本书课题范围内讨论。本书基于对机构型养老建筑内交互关系的实证调查分析，在空间与老年人行为之间建构一种具有动态关联性、系统整体性的双向交互设计策略），因为营造良好的交互关系能够在建筑空间与行为之间建立和谐与均衡，通过空间与行为的交互设计能够使得交互过程更符合交互主体对象（老年人）自然的理解与表达，让整个交互过程更顺畅。

交互设计应尽量让老年人感觉不到交互客体对象（建筑空间）被设计师刻意地设计过，而是让老年人感觉到所处的居养空间环境自然而然应该是这个样子，因此交互设计强调对空间与行为的双向设计，一方面包括对机构型养老建筑内的交互客体对象（建筑空间）的设计（交互过程引发阶段内对老年人行为活动产生助益的空间行为交互模式及其设计策略），另一方面也包括对交互主体对象（老年人）的行为设计（交互过程反馈阶段内对空间使用产生助益的交互介质设计策略）。其中，对机构型养老建筑空间的设计重点集中在交互过程的引发阶段，即通过空间设计满足入住老年人不同属性、不同类型的行为活动需求，归纳总结出既能在机构型养老建筑内创造多样性的老年人行为活动，又能保证行为活动具有秩序性的空间行为交互设计模式与对应的交互设计策略。同时，把对入住老年人行为的设计重点集中在交互过程的反馈阶段，对空间与行为交互过程完成的关键因素即交互介质（行为领域）展开设计，在机构型养老建筑空间内创造具有层次性与构成性的行为领域，满足不同老年人对空间利用的内在需求，归纳总结出对应的交互设计策略。通过空间与行为交互设计使得各类型交互关系作用过程得以顺利完成，在空间对行为的引发影响下形成具有多样性与秩序性的老年人行为活动，在行为对空间的反馈影响阶段内形成具有层次性与构成性的老年人行为领域，同时保证空间与行为交互关系作用过程具有整体控制性与动态持续性，从而更好地满足入住老年人在机构型养老建筑内的居住养老生活需求。

（二）空间与行为交互设计策略建构的依据

针对机构型养老建筑内的交互客体对象（建筑空间）的交互设计重点集中在交互过程的引发阶段，结合机构型养老建筑空间连接构成形态的类型及特征，来探讨各类型交互关系的基本建筑空间布局模式。在空间环境与老年人行为之间营造个体或单维线性空间行为交互关系时，考虑采用基本型空间连接构成形态。多维辐射或环状拓扑空间行为交互关系的营造，则考虑采用手钥型、马蹄型与围合型空间连接构成形态。多维组合空间行为交互关系的营造，则考虑采用放射型、涡型空间连接构成形态。在此基础上提出上述各类型交互关系作用过程引发阶段内的空间行为交互设计模式与策略，旨在通过交互客体对象（建筑空间）的交互设计对老年人行为产生积极的引发影响，从而有效提高老年人行为活动的多样性与秩序性。

五、适老化建筑交互设计的目的与现实意义

（一）交互设计的目的

尝试从"在空间与行为之间营造良好交互关系"的角度来理解和指导机构型养老建筑空间的研究与设计。从空间与行为的交互关系研究角度，对现有机构型养老建筑内入住老年人存在的居住养老问题进行剖析与解释。针对机构型养老建筑空间使用现状中存在的问题，将交互关系研究应用在机构型养老建筑空间设计之中，让建筑空间与入住老年人行为之间产生良好的交互关系，满足老年人的生

理机能、行为及定位状态特征，以及内在的心理需求，为老年人构筑宽松和谐、安心舒适的居养空间环境。

通过机构型养老建筑的实地调研，对空间与老年人行为之间的交互关系及其构成要素进行实证分析。明确建筑空间的使用现状与入住老年人的生活实态特征，归纳总结交互过程中的入住老年人行为活动与行为领域特征，以交互关系的实证分析作为机构型养老建筑空间行为交互设计策略建构的研究基础与设计依据。同时运用相关技术手段，实现对生态心理学中交互关系抽象概念的具象化图解与数据量化研究，为空间与老年人行为之间交互关系的研究提供一整套逻辑思辨结构和系统的实证性分析方法。

在交互关系实证调查分析的基础上，本书试图探讨一种自上而下对建筑空间的整体把握，以及一种自下而上以老年人的生理尺度、外在行为及内在需求特征为出发点的空间与行为交互设计策略。同时，将机构型养老建筑空间与行为交互设计策略从客观上理论化，借助人类行为学、心理学、人体工学等学科的帮助，从建筑空间与入住老年人行为之间的交互关系角度来探讨机构型养老建筑设计理论。另外，在综合考量老年人居住方式的变化和建筑空间环境设计的趋势之后，建立起能够对机构型养老建筑空间的设计，以及对入住老年人的居养生活产生助益的空间与行为交互设计方法论。

（二）交互设计的现实意义

1. 理论意义

补充和完善我国养老居住及建筑设计理论体系，是对我国现有城市老年人居住、养老设施设计及建设问题相关研究的重要补充，能够完善建筑学理论中的有关机构型养老建筑空间环境、老年人行为活动、定位状态和行为领域等多因子动态交互设计理念研究方面的缺失。本书强调以动态交互的设计观看待人与建筑空间的关系问题。空间环境、行为和人都只是交互系统中的组成元素，设计师必须以动态、多维和整体的视角来审视建筑空间的交互设计，同时优化各学科理论研究的交叉，力求使建筑空间设计、生态心理学、环境行为相关理论达到有机融合，将建筑空间与老年人行为之间交互关系的相关理论及其实证性研究与机构型养老建筑空间设计相结合，实现机构型养老建筑空间设计及其理论研究的高层次创新与拓展。

2. 实践意义

研究空间和老年人行为之间的交互关系，对空间环境的认知、环境和空间的利用、空间环境的优化、分析具体空间内老年人的行为和心理需求等方面具有积极的意义。本书在既有机构型养老建筑设计和使用的基础上，注重空间与老年人行为的交互关系研究在机构型养老建筑空间设计上的合理利用，提出具体、可实现、符合老年人行为和心理需求特征的空间行为双向交互设计策略。使用该策略，可以根据养老项目策划部门、设计师的构想，针对居家养老人数、设施规模大小、使用者的行为活动及内在心理需求等进行空间与行为双向交互设计，在机构型养老建筑设计实践应用方面具有较强的灵活性和交互性。通过交互关系的实证性调查研究建立的空间行为交互设计方法论，可以从营造建筑空间与老年人行为之间良好交互关系的角度指导我国机构型养老建筑的设计和建设，同时提供科学的设计依据和完善的技术参考。

第二节　住宅与个体行为交互设计模式

一、适老化建筑个体空间与行为交互设计模式

适老化建筑个体空间与行为交互设计模式指通过中心的竖向交通结合周边的功能用房及大厅空间、廊空间，来组织整个机构型养老建筑内承载不同级别老年人行为领域的空间系统。先建构承载老年人主要行为领域的核心空间骨架，通过将主要活动空间与廊空间相互结合在一起，再将承载老年人次级行为领域的附属休闲空间和附属活动空间穿插进去。其中附属空间可以为开敞的办公空间和护理站单元，既能服务于老年人，也能和老年人随时交流，便于更好地照护老年人。它的主导空间主要集中在中心区域的交通核心，以及偏向右翼的入口空间，将形成主要行为领域的核心空间集中组织在体量的中心区域，并且结合其他的功能用房成为整个建筑多功能的核心空间，通过该核心空间与其他邻里居住单元穿插连通。该区域的整体形态呈现中心街道式，承载老年人主要行为领域的空间变化成不同的功能空间、多样的形态及尺度空间交织穿插在办公空间中。该区域活跃的氛围，使得在此活动的老年人感觉生活在熟悉的街道中，空间带给老年人很强的

归属感，从而有效提高行为领域内老年人行为活动的多样性。除核心处的主导空间外，其他的邻里居住单元内承载次级行为领域的空间附属在廊空间系统外列，从而有效提高行为领域内老年人行为活动的秩序性。

第一，建构承载老年人主要行为领域的核心空间骨架，弱化个体空间与行为交互关系内公共空间与私密空间之间的空间界限及其固有空间属性，使得两种属性相斥的空间产生交融，空间交融区域形成过渡性空间。

个体空间与行为交互关系内的公共空间与私密空间之间缺乏过渡空间，通过建构承载老年人主要行为领域的核心空间骨架，将主要活动空间与廊空间相互结合在一起，弱化公共空间与私密空间之间的界限，在弱化上述两种空间固有属性的同时，使得公共空间内固有属性行为（老年人动态行为活动：亲友间群体行为活动、非目的性产生的聚集、偶发的交流行为；老年人静态行为活动：可视关系、能视关系）的发生频率相对降低，私密空间内固有属性行为（老年人动态行为活动：个体行为活动、目的性自发行为活动；老年人静态行为活动：不可视关系、单人关系）的发生频率相对降低，同时保持上述两种空间内非固有属性行为的发生频率，从而在弱化个体空间行为交互关系内的公共空间与私密空间之间的界限及其固有属性的同时，维持空间内老年人行为活动的秩序性，避免行为活动之间的干扰。

第二，将承载老年人次级行为领域的附属休闲空间和附属活动空间穿插进由主要活动空间与廊空间相互结合形成的核心空间骨架，强化个体空间与行为交互关系内的过渡空间——半公共空间与半私密空间之间的界限与固有属性。

公共空间与私密空间之间的交融区域产生过渡性空间，即半公共空间与半私密空间，将承载老年人次级行为领域的附属休闲空间和附属活动空间穿插进去，增强上述两种过渡空间的固有空间属性，使得个体空间行为交互关系内具有过渡性的半公共空间与半私密空间的界限明晰，对应半公共空间内固有属性行为（老年人动态行为活动：偶发的交流行为、非目的性产生的聚集；老年人静态行为活动：可视关系、能视关系）与半私密空间内固有属性行为（老年人动态行为活动：个体行为活动、目的性自发行为活动、亲友间群体行为活动；老年人静态行为活动：不可视关系、单人关系）的发生频率相对提高，从而增强了原有空间内老年人行为活动的多样性。同时，降低半公共空间内固有属性行为（老年人动态行为活动：个体行为活动、目的性自发行为活动；老年人静态行为活动：不可视关系、单人关系）与半私密空间内固有属性行为（老年人动态行为活动：被动性的行为活动、非目的性产生的聚集、偶发的交流行为；老年人静态行为活动：对象规定型、可视关系、能视关系、对视关系）的发生频率，维持原有空间内老年人行为活动的秩序性。

第三，在个体空间行为交互关系内老年人行为领域形成的所属空间设计方面，保持公共空间内老年人群簇行为领域与私密空间内个体行为领域形成的同时，利用轻质隔断、家具等环境要素对公共空间进行局部划分与遮挡。其中设计半公共空间，将上述两种属性空间内的部分群簇行为领域与个体行为领域引入公共空间局部形成的半公共空间，从而有效提高半公共空间内老年人行为活动的多样性。避免私密空间内群簇行为领域与公共空间内个体行为领域的形成，通过邻接私密空间的过渡性半私密空间设计，将老年人亲友间群体行为活动形成的群簇行为领域，以及公共空间内的个体行为领域引入半私密空间，从而通过设计有效避免行为领域对所在空间固有属性与功能的影响，同时避免空间内不同属性老年人行为活动之间的干扰，有效提高各种属性空间内老年人行为活动的秩序性。

二、适老化建筑单维线性空间与行为交互设计模式

适老化建筑单维线性空间与行为交互设计模式指由廊空间将各个功能单元内单维线性分布的不同级别老年人行为领域串联起来，同时通过空间系统的线性核心把整体空间组织起来。一般线性核心为入口大厅及竖向交通部分，这里也是不同属性、不同类型老年人行为活动发生频繁的地方。该交互设计模式在横向交通上，空间纵深不会很长，老年人的行走路径简单，易于识别。整体空间构成基础依赖于分层、朝向、中部对称三种空间构成模式。其中，集中性的活动空间布置在顶层或者在每层分散布置，与整个线性空间形成附属关系。形成主要行为领域的空间结合其他的功能用房分层布置，整体功能划分明确、易于管理，注重空间的朝向问题，保证老年人居住空间优先配置，交往空间和辅助空间分散布置。办公、服务用房结合交往空间布置在中部，空间整体聚集性较好。

可以通过以下方式提升老年人行为活动的多样性与秩序性：走廊形态适度变化，突出线性空间节点；牺牲部分北向房间，结合交通空间做一些开敞性的空间；端部楼梯可结合挑台和自身平台，将空间扩展；另外，活动空间及其他辅助用房分层布置时要注重南向空间的转化，对于集中性的活动空间做到分散处理，让出

南向居住空间，兼顾老年人与院方的利益。由中心的厅空间结合两侧的竖向交通构成机构型养老建筑内承载不同级别老年人行为领域的空间系统的主导空间。中部的厅空间南北向贯通布置，具有一定的围和感，使得空间的向心性增强，提高老年人停留的概率，大大增加老年人行为活动的多样性。廊空间由主导空间向两侧延伸将各个功能空间串联起来，以具有半私密性质的楼梯间作为端点，廊空间呈现一种开合的形态，使得线性系统出现了承载次级行为领域的空间节点，空间的整体性较完整，呈现一定的韵律感，从而有效提高行为领域内老年人行为活动的秩序性。

第一，在单维线性布局的老年人生活单元之间设计承载次级行为领域的空间节点，廊下空间形态适度变化，弱化单维线性空间与行为交互关系内公共空间与半公共空间之间的界限，使得单维线性分布的不同级别行为领域彼此串联。

单维线性空间与行为交互关系内线性分布的老年人生活单元之间通过公共空间相互联系，但彼此之间的过渡性相对较差，因此需要通过设计弱化公共空间的固有属性，使得公共空间内固有属性行为（老年人动态行为活动：亲友间群体行为活动、非目的性产生的聚集、偶发的交流行为；老年人静态行为活动：可视关系、能视关系）的发生频率相对降低。同时，提高半公共空间的公共性，对应半公共空间内固有属性行为（老年人动态行为活动：偶发的交流行为、非目的性产生的聚集、亲友间群体行为活动；老年人静态行为活动：对象规定型、可视关系、能视关系）的发生频率相对提高，半公共空间内非固有属性行为（老年人动态行为活动：个体行为活动；老年人静态行为活动：不可视关系、单人关系）的发生频率相对降低，进而弱化公共空间与半公共空间之间的界限，使得单维线性分布的不同级别老年人行为领域彼此串联，同时通过空间系统的线性核心把整体空间组织起来，提高原有空间内行为活动的秩序性。

第二，在老年人生活单元内的私密空间与半公共空间之间设计界限明晰的过渡性空间，避免老年人行为活动之间的干扰。

单维线性空间与行为交互关系内线性分布的老年人生活单元中的半公共空间的界限相对明晰，但老年人生活单元中的私密空间与半公共空间之间的过渡性界限不明晰，需要通过设计强化半私密空间的界限与固有属性，对应半私密空间内固有属性行为（老年人动态行为活动：个体行为活动、目的性自发行为活动、亲友间群体行为活动；老年人静态行为活动：不可视关系、单人关系）的发生频率相对提高，半私密空间内非固有属性行为（老年人动态行为活动：被动性的行为活动、非目的性产生的聚集、偶发的交流行为；老年人静态行为活动：对象规定型、可视关系、能视关系）的发生频率相对降低。半公共空间的界限的强化设计，保持了生活单元各属性空间内老年人行为活动的多样性，同时有效避免了私密空间与半公共空间内老年人行为活动之间的干扰，提高原有空间内老年人行为活动的秩序性。

第三，在单维线性空间与行为交互关系内老年人行为领域形成的所属空间设计方面，避免公共空间内个体行为领域与私密空间内群簇行为领域的形成，在老年人生活单元之间的公共空间与生活单元内的半公共空间连接处设计过渡性空间，将公共空间内的部分群簇行为领域自然引入半公共空间，从而助力半公共空间内老年人群簇行为领域的形成。具有明晰空间界限的半私密空间设计使得原有半公共空间内亲友间群体行为活动形成的老年人群簇行为领域部分引入，有效提高了原有空间内老年人行为活动的秩序性。同时，保证半公共空间内个体行为领域的形成，有效维持各生活单元半公共空间内老年人行为活动的多样性。

三、适老化建筑多维辐射空间与行为交互设计模式

适老化建筑多维辐射空间与行为交互设计模式指通过单一型或者多级主导空间来组织承载老年人主要行为领域的空间系统，一般在折点处、不同体量交会处形成多个次级主导空间。如主要核心的中心部位结合护理单元或办公室都设计有一个开敞式的共享空间，居住单元的空间节点区域作为承载老年人行为领域的一级主导空间系统，由走廊空间串联起来。在体量的中心处和单翼体量的中心形成次级核心区域，最后结合廊空间的尽端空间形成次级核心空间。该交互设计模式的空间路径明了易达，并且空间层次明晰，使得老年人拥有多重选择，从而有效提高多维辐射空间与行为交互关系作用过程引发阶段内老年人行为活动的秩序性。同时，在已有空间布局的基础上，在折点和体量的中部及端部分散布置不同层级形态的活动空间，凭借功能整合、空间开敞形成较为丰富的空间层次，从而进一步提高多维辐射空间与行为交互关系作用过程引发阶段内老年人行为活动的多样性。

具体空间设计策略，以及通过设计引发的老年人行为活动变化如下。

第一，通过单一型或者多级主导空间来组织承载具有多维辐射特征的空间系统，在公共空间与私密空间内部设计具有各自固有属性的过渡性空间，公共空间

与私密空间的固有空间属性降低的同时形成局部的组团空间，使得分散布局的空间产生联系。

多维辐射空间与行为交互关系的各属性空间分散布局，各属性空间内承载的行为领域之间缺乏联系性，因此需要通过半公共空间设计来弱化原有公共空间的固有属性。对应公共空间内的固有属性行为（老年人动态行为活动；亲友间群体行为活动、非目的性产生的聚集、偶发的交流行为；老年人静态行为活动：可视关系、能视关系）的发生频率相对降低。同时，通过半私密空间设计来弱化原有私密空间的固有属性，对应私密空间内固有属性行为（老年人动态行为活动：个体行为活动、目的性自发行为活动、亲友间群体行为活动；老年人静态行为活动：对视关系、不可视关系、单人关系）的发生频率相对降低。上述两种空间固有属性的弱化，使得分散布局的公共空间与私密空间产生联系，形成局部的组团空间，提高原有空间内老年人行为活动的整体秩序性。

第二，在体量的中心和单翼体量的中心形成次级核心区域，该空间内灵活嵌入半公共空间与半私密空间，形成相互交融的整体过渡性空间，并以此联系多维辐射的组团空间。

弱化多维辐射空间与行为交互关系内半公共空间与半私密空间之间的界限及其固有空间属性，使得半公共空间与半私密空间产生交融。对应半公共空间内固有属性行为（老年人动态行为活动：偶发的交流行为、非目的性产生的聚集、亲友间群体行为活动；老年人静态行为活动：对象规定型、对视关系、可视关系、能视关系）的发生频率相对降低，半公共空间内非固有属性行为（老年人动态行为活动：个体行为活动、目的性自发行为活动；老年人静态行为活动：单人关系）的发生频率相对提高。同时，半私密空间内固有属性行为（老年人动态行为活动：个体行为活动、目的性自发行为活动；老年人静态行为活动：不可视关系、单人关系）的发生频率相对降低，半私密空间内非固有属性行为（老年人动态行为活动：亲友间群体行为活动、非目的性产生的聚集、偶发的交流行为；老年人静态行为活动：对象规定型、可视关系、能视关系）的发生频率相对提高。上述两种过渡性空间的融合在整体空间内形成环形回路，使得空间层次明晰，空间之间的联系性提高，在保持原有老年人行为活动多样性的同时，提高整体空间内老年人行为活动的秩序性。

第三，在多维辐射空间与行为交互关系内老年人行为领域形成的所属空间设计方面，在公共空间内嵌入半公共空间，弱化原有公共空间的固有属性，从而将公共空间内的群簇行为领域引入其中的半公共空间。同时，在私密空间内嵌入半私密空间，弱化原有私密空间的固有属性，从而将私密空间内的个体行为领域引入其中的半私密空间。通过在上述过渡空间内引入相同属性的行为领域，使得多维辐射空间行为交互关系内原有过渡空间与公共空间、私密空间嵌入的过渡性空间产生融合，由过渡空间的融合在整体空间内创造联系性的同时，老年人行为活动的秩序性得以提升。同时，通过过渡空间之间的融合，维持多种属性老年人行为领域在半公共空间与半私密空间内的形成，提高过渡性空间内老年人行为活动的多样性。

第三节　住宅与个体行为交互设计策略

一、老年人行为活动交互设计策略

（一）养老建筑空间与行为环境的交互设计方法

1. 基地内养老建筑临街可视面与街道的交互设计

应从基地内建筑整体设计角度分析建筑临街可视面与街道的关系，基地内养老建筑临街可视面一侧的空间流线组织方式受到主入口（包括设施玄关入口、居家养护服务支援入口和地域交流入口）、服务辅助入口（包括职员入口、厨房服务入口、设备搬运入口和停车场入口）以及主干道和服务级道路位置等因素的交互影响，养老建筑的主入口设置在临街可视面一侧，同时需要和建筑侧立面和背立面的流线组织相呼应。

2. 基地内养老建筑整体布局和动线的交互设计

养老建筑整体布局形态需要考虑基地内入住老年人群动线设计（步行、使用轮椅者）、来访者动线设计（居家养护服务人群、地域交流人员、老年人亲友）、人车分流动线设计（机动车、自行车）、工作服务人员动线和物流动线设计等影响因素。老年人群动线设计又可进一步分为建筑内主动线设计（生活、护理）和基地内的游走动线设计（散步、锻炼），同时建筑整体布局和动线的交互设计还应考虑日照和通风等自然条件。

3. 建筑整体形态成长和变化对应的交互设计

将建筑可持续性的观点纳入养老建筑整体成长扩建和变化对应的交互设计之中，即养老建筑空间的增建和建筑局部的改建，以轴线为基准的交互设计方法，同时衍生出十字形中枢轴线、曲面中枢轴线、中庭环绕状轴线、中庭放射状轴线四种交互设计方法。

4. 空间组构的邻接和近接原则

构成养老建筑的主要养护空间和服务性附属空间之间的连接方式，应该首先遵循邻接布局原则，主要空间和附属空间可以采用套型布置，同时附属空间承担过渡空间的功能。其出入口连接廊下空间，也可在主要空间和附属空间邻接廊下空间的一侧同时设置出入口，但两个空间之间需要保持联系。大空间内可以设置灵活移动的轻质隔墙，以适应功能使用变化。当受到客观限制，两种属性空间无法直接邻接布置时，则需要采取近接布置原则，从而缩短老年人的动线距离，方便老年人对各空间的直接使用。

5. 组团型单元内共同生活空间和卧室空间的组构交互设计

养老建筑内卧室空间组团布置形成的生活单元，能营造家庭化生活氛围。为方便老年人对组团型生活单元内交往空间的使用，共同生活空间和老年人卧室之间的连接方式是交互设计的重点。考虑到护理人员和老年人的行为动线和移动范围问题，共同生活空间和卧室空间两者的组构方式主要存在三种形式：① 共同生活空间和卧室空间邻接一体化设计；② 共同生活空间和卧室空间部分邻接一体化设计；③ 共同生活空间和卧室空间通过廊下空间联系的近接设计。

6. 邻接和近接领域内的空间布局

食堂、机能训练室的整体空间组织，养老建筑内食堂和机能训练空间作为区别于居住空间的主要服务性附属空间，其与养老建筑内老年人生活单元（由卧室、卫生间、浴室和部分公共空间组团构成）、生活单元群之间的空间组构关系是交互设计的要点。

7. 护理站的空间位置

护理、半护理老年人的居住空间通常将 8 ~ 10 个居室组成小规模单元组团，护理站与活动空间分散于各单元组团内，服务流线短捷，提高服务效率。在美国的护理机构中，护理站到最远房间的距离一般在 36 m 以内，援助式居住生活机构中最远的房间到主要活动空间的距离在 46 m 以内。日本的特别养护老人之家中，护理站到最远居室的距离通常为 30 ~ 40 m。护理站作为养老建筑内医疗养护服务空间的核心,其空间位置应该充分考虑与周围房间的联系,避免因空间组织混乱而引起不同人群动线的交叉干扰,方便护理人员对老年人开展看护及医疗服务。通常按照护理站位置的不同,分析养护服务单元内的护理站空间交互设计、老年人生活单元内的护理站空间交互设计以及与室外空间相邻的护理站空间交互设计。

8. 职员办公空间的位置和邻接空间

养老建筑内的职员办公空间通常位于建筑一层,设计时需要考虑设施内职员的行为动线特征、职员专用出入口和办公空间的位置关系、入住老年人的通过位置、来访者的动线,以及室内外空间关系等因素,办公空间也可与机能训练空间邻接设计。

9. 浴室和卫生间内的空间组织关系

养老建筑内普通浴室、特殊护理浴室以及邻接附属空间的组构方式存在差异,卫生间根据其出入口是否直接连接廊下公共空间、出入口前是否设计专用过渡空间而采用相应的空间交互设计方法。

10. 地域性短期养老服务空间组织关系

养老建筑内部分空间的利用对象为地域性短期护理的老年人,为老年人提供日间照料、机能训练、洗浴等养老护理服务。在空间交互设计时应该考虑部分活动空间同时面向入住老年人和短时护理老年人的双重属性,同时需要设计专用空间服务日间照料的老年人,防止不同老年人群在养老建筑内移动路线的干扰。

(二)交互关系作用下的养老建筑内部空间动线设计

1. 动线的类型、属性和设计要点

养老建筑内部空间的动线属性包括人群移动轨迹的差异性、方向性、移动距离的长短和时间差,根据入住老年人身体状况的不同,自立行走人群、借助扶手移动人群、利用拐杖移动人群以及利用轮椅移动人群,所产生的动线属性特征不同。通过以上分析总结出动线交互设计要点:① 建筑空间根据功能的从属关系,依据邻接和近接原则组织空间,使得动线单纯明快、长度缩短;② 功能分区明确的同时,设计相应的过渡空间防止不同属性动线的交叉干扰;③ 保持高移动频率,促进老年人活动,有利于增强其身体机能。

2. 内部空间动线团状化交互设计

动线上某点、转折处或相交处的团状化形成养老建筑内主要的公共空间,如入口门厅空间、多功能空间、老年人共同生活空间和垂直交通前的等候休息空间等。动线团状化设计主要赋予养老建筑内部空间组织合理的人群集散功能，具有多点散射的特征。

养老建筑平面布局的动线团状化交互设计为入住老年人的公共行为提供了明确的集散性场所空间，进而形成小规模组团式平面布局模式。动线团状化形成的公共空间有效缩短了老年人的移动距离，提高了建筑空间的利用频率，方便老年人进行交往活动的同时，避免了因大空间集体活动而产生的不同人群动线的交叉干扰。动线团状化将人群进行多中心分区疏散，方便护理人员对老年人进行看护和管理，同时保持了生活空间的连续性，创造集合性公共空间。

养老建筑垂直维次的动线团状化会因建筑高度的不同而产生不同尺度的垂拔空间，因此在剖面的交互设计时应注意创造适宜的空间尺度。垂拔空间内应该通过内装材料、色彩和空间构成创设符合老年人生活特征的环境氛围，同时考虑大尺度空间下的老年人看护和管理问题。

在内部空间动线带状化交互设计方面，养老建筑内部老年人生活空间组织采用内廊式和侧廊式易于形成人群动线的带状化，动线带状化具有较强的空间指向性特征，在养老建筑办公空间及部分服务性附属空间内易采用动线带状化交互设计，提高职员的工作效率。养老建筑平面布局的动线带状化交互设计中，考虑在线性空间的两侧灵活布置开放式休息空间和活动空间，也可在空间的一侧设计半室外空间，同时将动线进行分流设计，对人群进行有效疏散。养老建筑垂直维次的动线带状化交互设计要点是注重在建筑整体内创造不同层高的局部空间，空间之间通过局部垂直交通组织产生垂直面上的联系，将人群有效地疏散，局部空间之间交错连接形成丰富的休憩空间，为老年人创造公共交往的空间环境。

二、老年人行为领域交互设计策略

针对机构型养老建筑内的交互主体对象（老年人）行为的交互设计重点集中在交互过程的反馈阶段，对空间与行为交互过程完成的关键因素即交互介质（行为领域）展开设计。在机构型养老建筑空间内创造具有层次性与构成性的行为领域，满足不同老年人对空间利用的内在需求，同时有效降低交互介质（行为领域）的形成对其所属空间固有属性与功能的反馈影响，增强行为领域与空间的契合度。提高交互过程反馈阶段内交互介质（行为领域）层次性与构成性的交互设计策略包括以下几个方面。

（一）提高交互介质（行为领域）层次性与构成性的整体组织设计

首先确定机构型养老建筑内入住老年人的标准生活单元（将老年人按一定数量规模组团化的最小生活单位），标准生活单元由居住空间、辅助空间、通行空间以及共享复合空间构成。标准生活单元内的共享复合空间通常是形成交互介质（行为领域）的空间载体。将标准生活单元进行组合，在单元连接处的局部空间内可以形成新的交互介质（行为领域）。

1. 交互介质（行为领域）的横向组织设计

对两个标准生活单元进行组合，生活单元可以横向正交组合，也可以叠错组合，其连接处通常成为交互介质（行为领域）的形成空间区域。居住在两个标准生活单元内的老年人可以共享交互介质（行为领域）形成的所属空间，同时护理人员通过该空间对两个标准生活单元内的老年人进行有效看护和组织管理。承载交互介质（行为领域）的共享复合空间在横向组合的情况下，对应标准生活单元 ×2 的交互介质（行为领域）的横向组织设计形式（结合本书对机构型养老建筑空间连接构成形式的类型研究）包括直线型、复合直线型和手钥型。其中直线型和复合直线型可以保证两个标准生活单元同时设计朝南的卧室空间，手钥型至少可以保证一个标准生活单元设计朝南的卧室空间，该交互介质（行为领域）的横向组织设计形式适用于小规模的养老建筑，养护老年人数为 20 ~ 30 人。

老年人标准生活单元 ×4 的交互介质（行为领域）的横向组织设计形式包括复合手钥型、马蹄型和围合型。该交互介质（行为领域）的横向组织设计形式在机构型养老建筑空间内形成一个 M 形交互介质（行为领域）的承载空间（承载老年人行为领域的共享复合空间数量大于或等于 2）和两个 S 形交互介质（行为领域）的承载空间（承载老年人行为领域的共享复合空间数量等于 1）。其中复合手钥形交互介质（行为领域）的横向组织设计形式可以实现三个老年人标准生活单元同时共用一个 M 形交互介质（行为领域）的承载空间，其他交互介质（行为领域）的横向组织设计形式形成的 S 形交互介质（行为领域）的承载空间可以满足两个老年人标准生活单元共享。马蹄型交互介质（行为领域）的横向组织设计形式可以保证三个标准生活单元同时设计朝南的卧室空间，其他交互介质（行为领域）的横向组织设计形式可以保证两个标准生活单元同时设计朝南的卧室空间，养护老年人数为 40 ~ 60 人。交互介质（行为领域）的横向组织设计适宜形成个体空间与行为交互关系、单维线性空间与行为交互关系、多维辐射空间与行为交互关系、环状拓扑空间与行为交互关系。

2. 交互介质（行为领域）的纵向组织设计

交互介质（行为领域）在纵向组合的情况下，对应标准生活单元 ×2 的组织设计形式形成四种手钥型的组合类型，该交互介质（行为领域）的纵向组织设计下形成的共享复合空间可以满足两个老年人标准生活单元共享，保证一个标准生活单元同时设计朝南的卧室空间，养护老年人数为 20～30 人。标准生活单元 ×4 的交互介质（行为领域）纵向组织设计形式包括复合手钥型、凹型和围合型。该交互介质（行为领域）纵向组织设计下在机构型养老建筑空间内形成一个 M 形交互介质（行为领域）的承载空间和两个 S 形交互介质（行为领域）的承载空间，其空间构成特征、养护老年人数和交互介质（行为领域）的横向组织设计与标准生活单元 ×4 的交互介质纵向组织设计基本相同，不同点在于老年人标准生活单元连接处 S 形交互介质（行为领域）的承载空间之间的空间功能纵向构成形态和特征的差异性，该组织设计形式下交互介质（行为领域）所在的空间多为东西向布局，标准生活单元内朝南的共同生活空间较少。交互介质（行为领域）的纵向组织设计适宜形成个体空间与行为交互关系、单维线性空间与行为交互关系、多维辐射空间与行为交互关系、环状拓扑空间与行为交互关系。

3. 交互介质（行为领域）的向心集中式组织设计

交互介质（行为领域）的向心集中式组织设计形式一般由四个老年人标准生活单元构成，四个共享复合空间形成的 M 形交互介质（行为领域）的承载空间，进而满足四个标准生活单元共享。护理人员通过该空间对四个标准生活单元内的老年人进行有效看护和组织管理，保证两个标准生活单元同时设计朝南的卧室空间，养护老年人数为 40～60 人。交互介质（行为领域）的向心集中式组织设计适宜形成个体空间行为交互关系。

4. 交互介质（行为领域）的复合组织设计

交互介质(行为领域)的复合组织设计形式一般由 6～8 个老年人标准生活单元构成，该组织设计形式同时具有交互介质（行为领域）的横向、纵向以及向心集中式三种组织设计形式的共同特征，适用于较大规模的养老建筑，养护老年人数为 60～90 人（生活单元 ×6）和 80～120 人（生活单元 ×8）。交互介质（行为领域)的复合组织设计形式最大的特征是标准生活单元组团围合构成院落空间，如交互介质（行为领域）的复合组织设计——标准生活单元×8中的围合型组合由两组老年人标准生活单元构成，每4个标准生活单元进行组团构成一组，围合形成两个共享的室外庭院空间，同时实现老年人卧室朝南空间最大化。交互介质（行为领域）的复合组织设计适宜形成环状拓扑空间与行为交互关系，以及多维组合空间与行为交互关系。

（二）提高交互介质（行为领域）层次性与构成性的局部设计

1. 在空间内营造与增强行为领域的属性差异，以提高交互介质（行为领域）的层次性

机构型养老建筑空间内不同属性行为领域的形成会在老年人行为领域之间产生层次性，满足老年人私密性的个体行为领域的营造重点在于与公共空间的隔离，这种隔离可以是视线的遮挡，也可以是通路、行为的隔离，还可以是空间层次的变化。

首先，机构型养老建筑内空间的局部围合与遮挡。这一做法是为了满足老年人的个体私密性要求，私密性与空间的封闭感有关，因此营造老年人个体行为领域要给予一定的遮蔽，可供老年人安静独处，但私密性的体现不一定是完全封闭的形式，机构型养老建筑内利用家具和轻质隔断对空间进行局部围合，从而为老年人创造更多的半私密空间。如利用书架对临窗的空间进行划分，其中形成的半私密空间内可以放置小沙发，满足老年人对个人空间使用的心理需求；将该半私密空间设计成榻榻米，书架对该空间的围合有效隔绝了大空间内的外界干扰，在老年人群交往之间产生亲和力；通过软质材料做成的隔帘对邻窗空间进行围合，利用植物盆景和低矮家具对就餐空间进行局部围合，缩小大空间的横向体量，为老年人创造小尺度的适宜空间，以形成满足老年人私密性需求的个体行为领域。

其次，机构型养老建筑内转角空间的设计与环境要素布置。空间中的阴角一般使人感觉安定，是容易形成老年人个体行为领域的地方，在这些空间内适当地设置一些休闲与休憩设施，就可以成为承载老年人个体行为领域形成的空间。在机构型养老建筑的公共空间和廊下空间的阴角处设置电视机和沙发，为老年人个体行为领域的形成提供空间载体。

最后，机构型养老建筑内保护老年人个体私密性的过渡空间设计。为了保证老年人个体领域的私密性和行为活动不受影响，可以在房间前加一个半私密过渡空间，同时创造丰富的空间层次性。合理的过渡空间可以使老年人在个体空间中穿梭。机构型养老建筑一层电梯入口直接朝向门厅开放，缺少空间的层次性，空间

之间过渡性较差，在电梯入口处设计玄关空间作为过渡空间，并且在过渡空间内放置座椅供等候人休息。在卧室空间和共同生活空间之间利用轻质隔断进行分割，形成的半私密空间对老年人从私密空间（卧室空间）进入半公共空间（共同生活空间）时的心理情绪具有过渡和缓冲功能。在共同生活空间内有多数老年人群聚集时，部分老年人可以选择在卧室前的半围合空间内展开个人行为活动，有效地避免了外界视线的干扰、保护了老年人的个体私密性。根据机构型养老建筑内老年人居室空间的构成形式，在各居室入口处形成自然的过渡空间，老年人的私密性可以在过渡空间内得到有效的保护，这里也成为个体行为领域形成的空间场所。

老年人群簇行为领域与个体行为领域的属性相异，设计师通过在机构型养老建筑内设计机能康复训练空间、公共食堂以及活动室等固定属性的公共空间，以满足老年人的群簇交往需求。同时，老年人希望能够控制和按照自己的交往心理需求在建筑空间内塑造群簇行为领域，增强自身对环境改变和控制能力，使得自身对空间的使用具有更大选择性。调研发现，老年人会按照自身的交往需求在空间内选择交往行为发生的场所，群簇行为领域的形成往往不会局限在设计师设计的固定属性的公共空间内。因此，满足老年人群簇交往需求、承载老年人群簇交往行为的交往空间不应该局限于固定属性公共空间的设计。本书尝试从机构型养老建筑内老年人生活单元彼此之间的连接构成形态出发，在生活单元连接处的局部空间内创造丰富灵活的群簇交往空间，以承载老年人群簇行为领域的形成，满足老年人多样的群簇交往需求。选择老年人生活单元的原因在于其既是机构型养老建筑空间的主要构成元素，也是老年人日常生活行为发生以及接收护理照料的主要场所，因此，老年人生活单元模块内的群簇交往空间，以及生活单元彼此组合而产生的群簇交往空间设计是形成老年人群簇行为领域的交互设计重点。

2. 通过空间行为动线的交互设计创造便捷有序的空间序列连接，以提高交互介质（行为领域）之间的构成性

机构型养老建筑内老年人行为领域之间的构成性通过空间序列连接状况来衡量，表达的是老年人选择到达各行为领域所属空间的便捷性与通畅性，通过空间行为动线的交互设计在行为领域之间创造丰富有序的空间序列连接，进而提高老年人行为领域之间的构成性。机构型养老建筑内影响老年人行为领域之间空间序列连接状况的空间行为动线属性包括人群移动轨迹的差异性、方向性、移动距离的长短和时间差。根据入住老年人身体状况的不同，自立行走人群、借助扶手移

动人群、利用拐杖移动人群以及利用轮椅移动人群所产生的动线属性特征不同，应结合机构型养老建筑内老年人日常生活行为、养护行为、护工和来访者动线的影响对行为领域之间的空间序列连接进行设计。

首先，增强行为领域之间空间序列连接的便捷性，建筑空间根据功能的从属关系，依据邻接和近接原则组织空间，使得行为领域之间的空间序列连接单纯明快、长度缩短，同时保持高移动频率，促进老年人活动，有利于其增强身体机能。

其次，增强行为领域之间空间序列连接的通畅性，即功能分区明确的同时，设计相应的过渡空间防止不同属性行为领域之间空间序列连接的交叉干扰。

最后，根据机构型养老建筑内空间与行为动线的形态特征对行为领域之间的空间序列连接展开对应的交互设计，如老年人生活空间组织采用内廊式和侧廊式易于形成人群动线的带状化，以此为基础对应展开行为领域之间的空间序列连接带状化交互设计。

空间序列连接带状化交互设计具有较强的空间指向性特征，在机构型养老建筑办公空间及部分服务性附属空间内宜采用这种设计，提高职员的工作效率，同时考虑在线性空间的两侧灵活布置开放式的休息空间和活动空间，也可在空间的一侧设计半室外空间，从而对老年人群进行有效的分流引导。机构型养老建筑行为领域之间的空间序列连接团状化交互设计为入住老年人的公共交往行为提供了明确的集散性场所空间，进而形成小规模组团式平面布局模式。通过上述空间与行为动线交互设计以增强行为领域空间序列连接的便捷性与通畅性，交互过程反馈阶段内老年人行为领域的构成性得到提高。

三、养老建筑空间细部交互设计策略

（一）居住空间

1. 以在床移动范围为核心的空间尺度

老年人生活单元的基本组成部分为居住空间，单一居室空间面积应大于或等于 10.88 m^2（$3.4 \text{ m} \times 3.2 \text{ m}$），居室空间尺度以老年人在床移动范围为核心，满足老年人日常生活行为（包括自理行为和介护行为）的空间需求。床位尺寸为 $2.1 \text{ m} \times 1.0 \text{ m}$，床头距墙面狭窄一侧的空间应大于或等于 0.6 m，以满足自理老年人就寝时的基本起卧行为。床头距墙面宽敞一侧的空间应大于或等于 1.5 m 以确保轮椅使用和回转，床尾一侧空间应大于或等于 0.9 m 以满足轮椅的通行要求。

2. 单人居住空间

老年人生活单元内单人居住空间的交互设计应该充分结合老年人的个体行为特征，尊重老年人私密性和老年人惯用物品家具的摆放方式，从单人居住空间出入口、个人卫生间和床位的位置关系出发探讨空间设计要点，进而结合收纳空间以及建筑室内外空间关系对单人居室空间进行类型化设计。

3. 多人居室的单人空间化

在多人居室的交互设计中，从老年人个人生活领域和私密性保护的需求出发，对居住空间进行单人空间化设计，利用软质遮挡物创造老年人的个人生活领域，同时注意避免给老年人造成闭塞感，遮挡物应开放、通风且易于闭合。

（二）通行空间

1. 垂直交通空间

养老建筑内垂直交通的空间位置应考虑入住老年人的步行距离、疏散距离、垂直交通空间之间的间隔距离、垂直交通的类型、养老建筑空间整体形态，以及日常生活空间的使用和管理的便利性等，在这些影响因素的基础上进行交互设计，步行距离应该小于或等于 60 m。

2. 廊下空间组织

老年人生活单元内各空间由廊下空间负责连接，廊下空间是入住老年人在建筑室内主要的通行空间，也是老年人的步行训练场所，廊下空间的设计应该考虑老年人行走能力的差异性，根据老年人行走方式的不同进行交互设计。

（三）空间整体交互设计

运用前述养老建筑空间交互设计的具体方法和对应模式，同时嵌入具体建筑功能，探讨交互设计理念下的各类型养老建筑空间构成形态的功能组织关系和空间布局形式，并且归纳出各类型养老建筑构成形态空间交互设计的具体平面设计提案，为养老建筑的空间设计实践提供参考。

1. 手钥型构成形态的空间交互设计

手钥型构成形态的空间交互设计具有四种基本平面布局形式，其中外侧手钥型和内侧手钥型的建筑空间转折处形成"场"，通常结合护士站、机能训练和垂直交通空间进行集中设计，同时在建筑两翼的老年人生活单元内设计独立的共同生活空间，共同生活空间是形成"子场"的区域，满足各生活单元内入住老年人交往、就餐、活动、娱乐、洗浴等行为需求，功能布局充分体现邻接和近接的空间交互设计原则。中心共同生活空间化和中心动线集散式适用于较小规模的养老建筑，空间形态较丰富，功能布局灵活。中心共同生活空间化注重"场"内满足老年人各种日常生活行为的开展以及护理人员对老年人的看护照料，中心动线集散式通常将老年人生活单元围绕垂直交通单元布局，注重空间对人流的疏散功能，将公共空间和洗浴、护理等附属功能嵌入各个生活单元，建筑的中心空间主要承担疏散功能。由于中心设置较大的公共空间，通风效果较好。

2. 马蹄形构成形态的空间交互设计

马蹄形构成形态的空间交互设计具有三种基本平面布局形式，其中北侧开口在建筑南侧创造公共空间，同时满足建筑东、西两翼的老年人生活单元的使用，且拥有南向采光。位于南侧中心处的护士站护理人员同时对两侧入住老年人进行照料和护理，设计时需要在建筑东、西两翼的组团单元内设计独立的共同生活空间，满足入住老年人的使用需求，同时在南、北建筑连接处设计通风口，保证室内的空间质量。内侧中庭化设计使得老年人卧室的布局更加有机灵活，中庭实现室内外空间的交互渗透，室内通风状况较好，建筑内部进入内庭院的廊下空间设计也较为自然。内侧中庭化、西侧开口使得建筑空间更加开放灵活，位于建筑平面北侧与娱乐室邻接布置的小庭院和西侧对外的中庭空间形成对比，老年人卧室围绕一大一小两个庭院灵活布局，其中嵌入护理、机能训练、洗浴等功能空间，使得建筑整体空间富有变化。

3. 围合形构成形态的空间交互设计

口字围合形构成形态的空间交互设计具有四种基本平面布局形式，其中中心共同生活空间化使得分散的老年人生活单元实现空间的二次组团，每个生活单元由两间卧室和其共享一个公共餐厅空间和洗浴空间组成，平面中心的共同生活空间内形成的"场"将四个生活单元联系起来，满足建筑北侧护士站护理人员的有效看护管理要求。

中心回廊庭院化适用于较复杂的建筑基地，可以根据地形自由布局老年人居室，围合形成庭院，使得建筑内外空间产生良好的渗透感，有效引入庭院内外的自然景观，空间整体构成具有有机生态的特征。

三围合组团式和四围合组团式构成形态的空间交互设计适用于较大规模的养老建筑，其空间设计本质属于中心共同生活空间化，实现养老建筑内空间的多层次组团，将大规模空间分散，便于护理人员管理，同时在每个组团单元内嵌入庭院、多功能厅、浴室、餐厅、谈话室等附属功能。设计中应注意防止各组团单元内功能及空间形态的重复，避免空间形态的单一，利用公共空间之间的穿插、咬合，在组团单元之间形成空间的自然过渡，各组团单元内的公共空间应尽量保证一侧对外开窗和设计通风口，保证室外自然景色的引入和室内通风。

三角围合形构成形态的空间交互设计及功能布局特征和口字围合型相似，其老年人居室空间的布局形态更具韵律感，适用于小规模的养老建筑，养护老年人数为 20～30 人。

4. 放射形和涡形构成形态的空间交互设计

放射型构成形态的空间交互设计注重老年人各居室的南向采光，各居室布局灵活，组团形成的共同生活空间内可嵌入护士站，具备医疗护理、老年人机能康复训练、集体就餐和活动等功能。该空间也是养老建筑内形成"场"的区域，平面布局自由灵活，有效缩短了老年人日常生活和护理人员看护照料的相关行为动线，同时在建筑各朝向均可局部设计通风口，保证室内空间质量。

涡形构成形态的空间交互设计使得老年人各居室的布局更加灵活开放，老年人共享的公共空间得以扩大，同时在各居室之间形成半私密空间和半公共空间，满足不同类型老年人的生活行为需要。同样，在建筑的中心处形成"场"，老年人及护理人员的各种行为相对集中，空间组织形态也较为灵活丰富，公共浴室、卫生间、理疗室、谈话室等附属空间也和老年人卧室空间一样遵循邻接和近接的空间交互设计原则，各功能空间的使用效率得到有效提高。

四、整体控制性与动态持续性交互设计策略

有效提高交互过程整体控制性与动态持续性的交互设计策略包括以下两个方面。

（一）提高交互过程中入住老年人对所处空间的整体控制性

在承载老年人行为领域的空间系统内创造更多的知觉空间序列，通过老年人视线的可见及引导，也能观察到其他行为领域内老年人行为活动的情况，从而使自己的所处空间本身具有产生主要行为领域的效应，而老年人的行为活动也具有集聚特性。机构型养老建筑的空间组构都相对封闭，空间之间的流通性相对较差，如果公共活动空间中老年人较少，则无法吸引其他老年人集聚。因此应该在承载

老年人行为领域的整体空间系统的视线导向上，促进空间内外老年人交流互动，从而达到行为领域之间的渗透联系，使空间本身的集聚作用得到有效发挥。已经身处公共活动空间内的老年人，通过空间的视线引导可以让路过的老年人加入他们的交往活动，另外路过的老年人能看到公共活动空间中其他老年人的活动状况，增加了他们在此停留及进入空间形成新的行为领域的可能性。此外还要注重机构型养老建筑室内空间与外部空间的视觉联系，窗的位置及高度要满足老年人坐下时的视线要求，从而有效提高交互关系作用过程中入住老年人对所处空间的整体控制。

（二）提高交互过程的整体动态持续性

最直接有效的方法是在机构型养老建筑内通过分隔法围绕中庭核心使得空间整体形成回环反复的空间洄游路线，使得老年人的路径行走既有识别性又有一定的趣味性，老年人的行走体验丰富，更乐于参与各种公共活动。机构型养老建筑内，内空间回路的形成有利于简化交通路线，节省活动时间，扩大空间感，加强老年人之间的交流，有利于通风，有利于多方向射入光线，以及交通面积的复合使用。提高交互过程整体动态持续性的空间洄游路线设计，既包括在机构型养老建筑内组织承载老年人行为领域的整体空间系统，也包括在各组团生活单元内来组织承载老年人行为领域的局部空间系统。如运用个体空间与行为交互关系、单维线性空间与行为交互关系、多维辐射空间与行为交互关系来形成老年人行为领域的空间，多位于建筑空间中心节点、空间转折处或空间两翼端部，均具有局部分散线性布局的特征。老年人的居住空间及主要的交通空间与承载行为领域的空间联系不紧密，因此造成老年人行走路径过长，空间集聚效应的辐射范围过长，无法对居室内的老年人产生吸引力，很多老年人因此放弃或减少使用该空间的频率。

在对空间组构布局时，应考虑在承载老年人行为领域的局部空间系统内，通过空间分隔设计形成局部回环反复的空间洄游路线，增强局部空间系统内交互过程的动态持续性。环状拓扑空间与行为交互关系与多维组合空间与行为交互关系的空间布局，考虑对空间洄游路线进行分级设计，保持整体与局部的协调秩序性，避免空间洄游路线过多对老年人产生迷惑与困扰。当平面尺度过大时，承载老年人主要行为领域的空间应布置在距离交通流线空间位置适宜的部分，兼顾端部的老年人入住单元，这样在人流多的地方，易于使其他的老年人了解该场所的老年人在干什么。同时联系承载老年人次级行为领域的空间系统，形成核心空间洄游路线，在核心空间徊游路线与局部空间洄游路线的交汇处设计开敞式共享空间，在提高交互过程整体动态持续性的同时，保证空间路径明了易达、空间层次明晰。

另外，在上述针对建筑空间与环境要素的设计基础上，还可以通过养护服务与管理模式的设计，在机构型养老建筑的社会环境内形成护理人员与入住老年人之间的良性互动，有效提高交互过程的整体控制性与动态持续性。可借鉴的养护服务与管理模式设计经验包括以人为中心的护理模式、居住者指导下的护理模式、无约束的个性化的护理模式及伊甸园模式等。

上述养护服务模式的重点在于改变传统养老机构内程序化的集体管控模式，把生活的决定权与对居养空间环境的控制权交给入住的老年人，支持老年人的自主选择。居住者可以安排自己每日的活动、强调个性化的养护照料，使居住者处于熟悉而又舒适的日常生活中。应注意以下几个方面：首先，尊重入住者的自主选择权，在机构型养老建筑内创造个性化的居住空间，护理过程中应该注意老年人的个体差异性，不仅要关注老年人的健康程度的差异，而且要尊重每个入住老年人的习惯、生活方式、喜好和个体需求等，从照顾、保护老年人的身体到帮助老年人实现自我满足的人生观念的转变；其次，老年人可以根据自己的需求与习惯对每日的生活起居进行自主安排，护理人员支持老年人对日常生活内容的决定，负责辅助照顾老年人活动的安全性，同时建议减少管理人员，增加一线照护员工；再次，个性化地照料与寻找老年人不恰当行为、抑郁或过度失能的根本原因，确保存在健康问题的老年人依然享有护理人员为老年人提供恰到好处的护理服务的权利；最后，消除养老机构内程序化集体管理给入住老年人带来的孤独感与痛苦感，确保一线护理人员和居住者都是能做决定的人，保证老年人之间的社会关系具有多样性、自发性、持续性以及交互性，创造一个有植物、宠物的宜居场所。利用上述养护服务与管理模式设计，在护理人员与老年人之间、入住老年人群之间创造良性互动，进而在机构型养老建筑的环境内营造具有整体性、持续性的良好的交互关系。

第五章 智慧养老模式下适老化住宅设计

第一节 居住空间设计策略

从老年人的特征和需求的角度出发，符合老年人生理特征、心理需求和智慧养老需求是智慧养老模式居住空间设计的原则。本节从老年人私人居住单元、公共生活单元和户外活动单元三个层面提出智慧养老模式在老年人居住空间中的具体应用策略。

一、居住空间设计原则

（一）符合老年人生理特征的设计原则

随着年龄的增长，老年人在生理上出现一些变化，老年人生理特征的变化决定了他们对于居住空间的使用需求不同于其他人群。

一般情况下，老年人最直观的变化就是身体外形和行动上的变化，比如弯腰驼背、身高变矮、行动变慢。另外，老年人的生理机能也会发生变化，行动能力下降的同时，更容易出现生病、磕碰等情况。老年人的视觉、听觉、触觉、味觉、嗅觉等感官也会发生变化，比如远视眼、耳背。老年人的记忆力也会发生变化，研究表明，老年人后天的知识文化积累和理解能力能够较好地保持，而与神经的生理结构和功能有关的机械记忆能力则容易衰退。因此，针对老年人的居住空间设计首先需要考虑老年人的生理特征，在空间尺度和空间细节上考虑适老化、无障碍设计。

无障碍设计作为一种设计主张，需要首先考虑的人群就包括老年人。针对老年人的无障碍设计被称为适老化设计。无障碍设计需要考虑处于自理、介助、介护等不同阶段的老年人的不同需求，很多学者提出了将无障碍设计纳入通用设计的设计理念，人性化的空间应是普适的、通用的，应是不同年龄、不同性别、不同能力的人都能够方便使用的。好的无障碍设计能让老年人更有尊严、更安全地生活，能够顺应老年人的生理特征，甚至心理需求。

（二）符合老年人心理需求的设计原则

环境的变化和生理特征的变化容易导致老年人在心理上发生变化，老年人的心理需求影响着居住空间的组织形式和组织内容。

从环境变化的角度来看，一般情况下，老年人在退休之后的活动重心由工作转向生活，交际圈变小，子女不能时时陪伴，和繁忙的工作相比，较为空闲的生活使得老年人更容易感到孤独，老年人从心理上需要子女或者朋友的陪伴，或者参加一些社会活动来维持与外界的联系。

从生理特征变化的角度来看，即使老年人生理特征上的变化导致活动不方便，很多老年人还是更愿意独立自主地生活，不愿意麻烦他人。因此老年人的居住空间设计需要考虑老年人特殊的心理需求，既要考虑营造利于老年人和其他人交往的公共生活空间、户外活动空间，又要考虑营造方便老年人独立自主生活的私人居住空间，满足老年人较为特殊的心理需求。

（三）符合老年人智慧养老需求的设计原则

智慧养老模式下居住空间设计在符合老年人生理特征和心理需求的基础上，更要符合老年人的需求提升，符合发展时代、新技术背景下老年人对于智慧养老的需求。相比于年轻人来说，老年人更需要智慧化技术、产品和服务来提升居住空间品质，提升养老体验。

相比于其他群体，老年人对于新鲜事物、智能技术支持下的设备、服务的接受能力较弱，对于高科技产品存在畏难心理，因此老年人的居住空间中的智能终端、场景的设计需要考虑到这一因素，真正做到智慧助老。

二、居住空间设计策略

根据相关概念以及研究内容的界定，这里把老年人居住空间划分为三类智慧养老单元：私人居住单元、公共生活单元和户外活动单元。

智慧养老模式居住空间设计包括智慧模式在老年人居住空间中的设计应用和适老化设计在老年人居住空间中的设计应用两方面的内容。智慧模式在老年人居住空间中的应用包括智能感应系统、智能终端设备和智能交互系统三类，覆盖在老年人私人居住单元、公共生活单元和户外活动单元三类老年人居住空间中的具体应用。适老化设计在老年人居住空间中的应用包括众多适老化设计内容、细节在老年人私人居住单元、公共生活单元和户外活动单元三类老年人居住空间中的具体应用。根据老年人在不同的智慧养老单元中对于空间形式与内容的生活、居住需求，现针对以下内容提出设计策略：老年人私人居住单元主要包括卧室、卫生间、起居室、厨房与餐厅、门厅与阳台等能够满足老年人私人居住生活的空间；老年人公共生活单元主要包括接待服务大厅、休闲娱乐空间、活动健身空间、餐厅与厨房、公共走廊、中央街区等能够满足老年人公共活动生活的空间；老年人户外活动单元主要包括坐憩空间、健身空间、健步道、集聚性广场、植物种植空间等能够满足老年人户外活动生活的空间，即智慧养老模式在以上老年人居住空间中的具体应用。

（一）智慧养老模式在老年人私人居住单元中的应用策略

1.卧室的智慧模式与适老化设计应用策略

睡眠是人生理层面的需求，良好的睡眠是人身体健康的重要保证。卧室是人们睡眠和短暂歇息的最重要区域，也是老年人停留时间最长的区域。卧室的智慧模式应用包括在老年人的卧室安装床下感应灯、智能"床上三件套"（智能床垫、智能棉被、智能枕头）、一键无线报警、空气质量监测警报器等能够监测老年人健康状态、监测环境质量参数和监测老年人活动的智能感应系统；在老年人的卧室布置智慧屏、电动看护床、电动窗帘等能够提升老年人生活品质的智能终端设备；在老年人的卧室布置AI机器人、智慧屏，布置可与老年人进行多种形式交互，能为老年人提供多样服务的智能交互系统。卧室的适老化设计包括设置床边扶手、下拉衣架、大操作面板开关、电动看护床等内容。

2.卫生间的智慧模式与适老化设计应用策略

卫生间的智慧模式应用包括在老年人的卫生间安装感应式马桶、感应式照明灯光、一键无线报警、感应式跌倒报警、空气质量监测警报器等能够监测环境质量参数和监测老年人活动的智能感应系统；在老年人的卫生间布置智能镜、智能马桶等能够提升老年人生活品质的智能终端设备；在老年人的卫生间布置可语音、可触控的智能镜，可看时间、补光、控制室温、视频通话、播放音乐，布置能为老年人提供多样服务的智能交互系统。老年人在洗浴、如厕的过程当中最容易出现危险情况，因此，卫生间是适老化设计最需要考虑的区域。卫生间的适老化设计包括设置轮椅用洗脸台、淋浴扶手、助浴椅、马桶边扶手、智能马桶、地面防滑等内容。

3.起居室的智慧模式与适老化设计应用策略

在老年人的起居室沙发旁布置能够监测老年人健康状态的智能感应系统；布置能够监测老年人活动的智能感应系统，当老年人在起居室活动发生意外时，或者监测老年人活动的智能感应系统一定时间内监测不到老年人在起居室的活动时，都会向外界及时发出警报，从而保障老年人的安全；布置能够监测环境质量参数的智能感应系统，比如烟雾警报器、室内空气质量调节器，为老年人营造安全、健康的起居环境。

在老年人的起居室布置智慧屏、节律灯、电动窗帘等能够提升老年人生活品质的智能终端设备。老年人可以通过智慧屏看电视、看比赛、与子女随时畅联；节律灯能够根据老年人的不同活动需求为老年人营造多种效果的灯光氛围。

在老年人的起居室布置能为老年人提供多样服务的智能交互系统，比如老年人想要点餐，便可以说："小E小E，请为我点餐。"系统便会根据老年人的饮食喜好和饮食禁忌给老年人提供几种可选方案，老年人选定之后可以到食堂进行就餐，也可以选择配送上门服务。

另外起居室设计应注意设置直径1 500 mm的轮椅回转空间、沙发起身扶手，并为老年人起夜提供照明等适老化细节。

4. 餐厅与厨房的智慧模式与适老化设计应用策略

就餐作为老年人日常生活中最主要的活动之一，餐厅和厨房的空间设计对老年人来说非常重要，让老年人用得安全、方便、舒适是设计师需要重点考虑的。

在私人居住单元的餐厅与厨房设置监测老年人活动的智能感应系统，比如红外人体感应设备、智能识别摄像头等，检测老年人的活动是否安全。

在餐厅与厨房设置基于智能感应技术的灯光调节系统，这一系统能随着时间和天气的变换控制灯光，让老年人在明亮的环境下下厨、就餐，灯光调节系统还能为老年人营造不同需求的就餐氛围。

在餐厅设置基于智慧屏终端设备的多功能交互系统，比如智能大屏幕、智能点餐屏幕等，让老年人在就餐的同时也可以和好友云视频、云火锅、云电影，让老年人在做饭和就餐时不再感到枯燥。

另外，餐厅不设门槛，方便老年人轮椅的进入，餐桌之前的距离要方便老年人旋转轮椅，操作台下方无填充可伸腿，设置圆角家具以及防滑地板等，全方面保障老年人的安全。同时可以设置C形、L形的布局结构，方便老年人操作，在路线上也方便轮椅的旋转和行走。

5. 门厅与阳台的智慧模式与适老化设计应用策略

在老年人的门厅设置AI智能无感开锁、可视化屏幕开锁、指纹开锁、密码开锁等多种形式的智能开锁系统，可以避免老年人因为忘记带钥匙而被锁在门外的情况，门厅内外的可视化屏幕能够方便老年人查看来访人员，为老年人的安全保驾护航。

在门厅布置换鞋凳，方便老年人坐下换鞋，减少摔倒的概率，当老年人在此区域摔倒时，安装于换鞋凳旁的监测老年人活动的智能感应跌倒报警系统能够监测到意外的发生，及时向外界发出警报。门厅如果有走廊，走廊设置则不宜过长，要留出足够的轮椅和担架通行空间。

在老年人的阳台布置智能自动升降晾衣杆、智能洗衣机、自动窗帘等智能终端设备。晾衣杆具有烘干衣物、除螨杀菌众多高级功能的同时，自动升降功能也能够方便老年人晾晒衣物。阳台设置多样化的智能交互系统，可语音、可手动点击按钮控制智能终端设备。

（二）智慧养老模式在老年人公共生活单元中的应用策略

1. 接待服务大厅的智慧模式与适老化设计应用策略

接待服务大厅是老年人公共生活单元的入口空间，入口的安防对于整个公共生活单元来说是至关重要的。在入口处安装基于 AI 智能识别技术的无感交互系统，智能识别老年人和来访人员，能够防止老年人走失，能够为老年人提供防跌倒检测服务，能够排查可疑人员，为老年人的安全保驾护航。

另外，在入口处有台阶的一侧加装坡道，能够方便轮椅老年人自助进入接待服务大厅，在接待服务大厅内部空间设置防滑地面和座椅，能够为等待办理业务的老年人提供更加适老化的服务。

2. 休闲娱乐空间的智慧模式与适老化设计应用策略

休闲娱乐空间包含的区域内容多样，可以让老年人休闲、娱乐和交流的区域都属于休闲娱乐空间范畴。其智慧模式与适老化设计内容也根据具体空间的不同而略有差别。在老年人的休闲娱乐空间配置全覆盖的智能健康信息系统，能够对老年人进行实时的、全方位的智能感应、监测；在老年人的休闲娱乐空间布置 VR 裸眼互动看台、智慧屏终端等多种形式的休闲娱乐设施，能够提升老年人的休闲娱乐体验。

以"5G+智慧雪场"场景为例，河北"5G+智慧雪场"是通信公司联合企业打造的我国第一个冰雪领域 5G 场景。年轻时爱好滑雪运动的老年人随着身体机能的下降，可能不再适合参加诸如滑雪一类的剧烈运动，但是在"5G+智慧雪场"

场景中，老年人就能够通过 5G 裸眼 VR 互动全景看台体验沉浸式观景、观赛，身临其境般地感受每个雪道的滑行情形，同时领略雪场的美景，这将极大增强老年人的视听体验，为老年人的生活带来不同于传统显示技术的丰富的体验感。

3. 活动健身空间的智慧模式与适老化设计应用策略

活动、健身可以增强人的抵抗力，活动、健身对于老年人来说是必不可少的，简单的拉伸、跑步、登山车等不同种类的健身设备适用于不同身体机能状态的老年人，能够满足老年人不同的健身需求。活动健身空间设置智能化、适老化的活动健身设备，一是为老年人提供智慧养老模式下的老年人活动健身空间，二是为老年人提供多样化的交流场地。

4. 餐厅与厨房的智慧模式与适老化设计应用策略

公共生活单元的餐厅是可以容纳许多老年人就餐的空间，空间设置要宽敞明亮、安全便捷，老年人在公共餐厅下单，无须自己做饭，就可以吃到美味的饭菜。如果有老年人想要自己下厨，也可以在这里下厨，厨房是开放性质的区域，老年人都可以使用。餐厅与厨房设置能够监测老年人活动的智能感应系统，比如红外人体感应设备、智能识别摄像头、面部识别感应装置等，老年人进入食堂后，就会有面部识别感应装置，会显示老年人是否有特殊预订，是否提前订好餐等，如果有情况，服务员会自动为老年人提供服务。餐厅营造基于显示技术的沉浸式用餐空间，可以让老年人的生活用餐质量得到很大提升；设置基于显示技术的可视化智能点餐面板，老年人可以在面板上下餐，可以在面板上看到食材的来源、上菜的等待的时间，让老年人了解到更多信息。厨房设置监测环境质量参数的智能感应系统，比如烟感探测报警器、水流检测报警器、燃气报警器等，保障老年人空间的用火安全；设置基于物联网技术的智能终端设备，提升老年人的下厨体验。

另外，餐厅在空间路线上应尽量避免弯曲路线规划，结构上可以不设门槛，方便老年人轮椅的进入，餐桌之前的距离方便老年人旋转轮椅，同时可以配置 AI 机器人和服务员，让老年人可以得到快速的服务。

5. 公共走廊的智慧模式与适老化设计应用策略

老年人公共生活单元的公共走廊设置能够监测老年人活动的智能感应系统，可以识别老年人是否摔倒、是否有意外发生，如果有意外情况则会报警寻求帮助。

沿墙设置扶手，可以辅助老年人行走，扶手转角处圆角处理，可以防止老年人磕碰。设置适老化的公共座椅和感应式的灯光照明，感应灯光照明会在黑夜里根据老年人的行走路线智能感应亮起。

6. 中央街区的智慧模式与适老化设计应用策略

老年人公共生活单元的中央街区是能够为老年人提供多样化生活服务的区域，比如理发、购物、买菜、喝咖啡等。为了方便老年人购物，中央街区设置基于车联网、AI 交互技术的自动驾驶售卖车和操作简便的购物系统。基于车联网、AI 交互技术的自动驾驶售卖车能识别社区内的老年人，招手即停，它不仅出售水果蔬菜，还出售生活用品，操作简便的购物系统可以让老年人无需花费太大的精力，就可以完成整个购物环节。

第二节　智慧模式应用与老年人居住空间案例分析

5G 时代是一个智能技术的时代，也是一个人口老龄化的时代。人们思考着智能技术的发展能够为老年人的生活、居住带来诸多便利的同时，也思考着智能技术的发展可能为老年人的生活、居住带来挑战。一些高新技术企业、展览给出了智能家居、智慧养老具体的解决方案，为设计师提供了可以借鉴的智慧模式。一些专门为老年人而设计的居住空间在设计内容上致力于老年人生活、居住的各个空间的营造，在设计手法上致力于各个空间的适老化细节营造，这也为设计师提供了可以借鉴的老年人居住空间设计策略。

一、华为全屋智能

（一）项目背景

华为是我国乃至全球范围内领先的信息与通信技术解决方案供应商。2021 年4 月 8 日，华为公布的全屋智能及智慧屏旗舰新品发布会视频显示，华为将在 50个城市建设 50 家全屋智能体验店。

（二）智慧模式应用分析

华为全场景智慧生活战略升级包括智慧出行、运动健康、智慧办公、娱乐影音和智能家居五个方面的内容。

　　华为的智慧模式应用设计手法可以分为智能感应系统、智能终端设备和智能交互系统三种。华为全屋智能以"致敬未来家"作为口号,展示了未来家 1+2+N,即全屋 AI+ 全屋互联 + 生态整合的具体内容,这也是目前实现全屋智能的挑战。人们可以使用面板、APP、语音和无感等多种方式与华为全屋智能系统进行交互。

　　全屋 AI 是一个华为全屋智能系统。模块化设计的家庭智能主机将智慧生活汇集于方寸之间,包括全屋 Wi-fi 6+、全屋储存、全屋音乐、智能温控风扇、光猫、全屋 PLC 控制总线和中央控制系统。不同于传统的只能根据人的行为设置连锁反应的 iftt,全屋 AI 能进行多条件动态预判,根据人的需求更加人性化地调节全屋环境。全屋互联是包括全屋 PLC 控制总线和全屋 Wi-fi 6+ 两个全屋互联系统。全屋 PLC 控制总线是家庭物联网的主要连接技术,全屋 Wi-fi 6+ 是家庭宽带的解决方案,两个全屋互联系统让智慧家居生活畅联无阻。生态整合是包括 N 个鸿蒙生态的扩展系统。华为与各个领域的合作伙伴通过 PLC 控制总线建立了丰富可拓展的鸿蒙生态,目前包括照明智控、安全防护、环境智控、水智控、影音娱乐、睡眠辅助、智能家电和遮阳智控八大系统,未来将和更多的合作伙伴共同拓展更丰富的鸿蒙生态系统,共同致力于营造安全、健康、舒适和有格调的华为全屋智能场景。以照明智控系统为例,会呼吸的光能够根据人的需求设置不同模式调节环境氛围的同时,还能够根据外界天气的变化营造令人舒适的照明环境氛围。

　　另外,华为还推出了新一代智慧屏 V 系列产品、华为首款儿童陪伴教育机器人、智能手表和 AI 音箱等众多智能终端产品,这些智能终端产品依靠全屋互联系统相互连接,为人们的生活带来更舒适的感官体验和更便利的智慧生活。新一代智慧屏 V 系列具有 2 400 万 AI 慧眼和帝瓦雷影院声场,还能够实现华为鸿蒙分布式跨屏。人们通过智慧屏看电视的同时还能打视频电话,智慧屏具有辅助健身、教育、游戏、看护和办公等功能,能够实现众多智慧鸿蒙分布式场景。智慧屏可以连接手机、手表、健身器材和 AI 摄像头等终端设备,充当教练和老师的角色,实现分布式运动和分布式教育。智慧屏可以连接手机,智慧屏充当游戏显示屏幕,手机充当游戏手柄,实现分布式游戏。智慧屏可以连接 AI 摄像头,AI 摄像头进行智慧异常监测,智慧屏进行实时显示,家长可以在影音、游戏等的同时,实时监护孩子的睡眠、活动,实现分布式看护。智慧屏可以支持多设备协同批注,充当办公显示屏幕,实现分布式办公。当然,将全屋智能系统运用于老年人的居住空间中,也能为老年人的生活提供很多便利。

二、乐湾云智慧养老

（一）项目背景

乐湾云致力于构建政府监管、机构、居家、社区养老和家庭床位五位一体的智慧养老模式，致力于打造管理方、运营方、个人用户和第三方四方一体的全方位、立体化的智慧养老服务体系，即乐湾云智慧养老。

（二）智慧模式应用分析

为了满足老年人多方面、个性化的养老服务需求，乐湾云将运营、服务、管理，以及人工智能、物联网、大数据带到老年人身边，老年人通过智慧平台同步信息，便捷地满足老年人的生活起居，医疗护理和社交娱乐。为了满足个性化的养老需求，以此为基础建立了政府养老解决方案、机构智慧养老解决方案、社区智慧养老解决方案、居家智慧养老解决方案、家庭照护床位解决方案等，不同的解决方案决定了空间上的变化，每一种空间都需要贴合智能方案的改变而做出调整。每一类空间都搭载了一类系统，五类系统分别是乐湾智眼防走失系统、乐湾云智能照护系统、乐湾云智能点餐系统、乐湾云呼叫中心系统和乐湾云活动管理系统。

乐湾智眼防走失系统拥有完善的监控、检测、检查等设备，在视野开阔的地方安装智能监控设备，固定的大门场所安装检测设备，这在养老公寓、养老院、养老小区等都比较适用。通过终端设备运用 AI 识别技术，分辨外来人员和常驻人员，发现异常并警告，能及时地保障老年人的安全，防走失系统通过终端设备很好地将空间划分院内与院外，加强了院内空间的安全性。

乐湾云智能照护系统对于养老群体是非常关键的，由于老年人很多时候无法自行解决一些生活和生理上的问题，护理系统则能很好地照顾到老年人，在养老院、康养院等机构更加适合。照护系统对空间上的影响比较大，首先是一些大的检测仪器，会需要设置健康小屋等专门去检测老年人的健康，平时家里面还需要有智能体温计、血糖仪、床垫，血压仪和温湿度感应器等各种健康检测设备，这些设备在位置摆放上也间接影响着空间结构，比如智能床和床垫的摆放，各种仪器安放的位置需要，包括安置护理人员的床等，通过 app 手机平台完成实时数据的检测，信息的推送和医生的诊断建议，让老年人拥有健康舒适的生活环境。

乐湾云智能点餐系统可以解决老年人的用餐问题，一日三餐的营养搭配，会随着老年人身体的需要去调整，让老年人吃得健康、放心，该系统的使用者包括餐饮商家、养老院、社区照料中心等。智能点餐系统类似点外卖，也可以是共享厨房。老年人由于年纪的增长，去厨房做饭是具有一定的风险的，所以为老年人提供食堂和点餐服务，老年人就可以随时吃到可口的饭菜，为了规范老年人领餐，还搭载了人脸识别系统，可以快速识别对应的老年人，以避免错领、冒领。

乐湾云呼叫中心系统可以分派护理人员到老年人身边，可以通过定位和电话通信为老年人提供帮助和关心，适用于养老院、家政上门、老年人护理、医院等场合。有些时候硬件设备无法满足需求，就需要有及时的服务中心，通过语音交互输入，及时响应老年人的需求，助洁、助浴、助餐、助急、助医、助行等。

乐湾云活动管理系统适用于社区中心、老年人活动中心、养老院、老年人联谊群体中心，方便志同道合的老年人聚集在一起进行活动。老年人在心理活动层面是需要与人交流的，所以乐湾云也为老年人的晚年生活提供了丰富多彩的活动，老年人可以通过线上平台及时获得活动消息，然后报名，活动会有特定的活动场所，也是这个系统特定的空间规划，并且会通过活动建立积分鼓励机制，让老年人玩得开心、积极参与。

三、"你的家 /Infinite Living"

（一）项目背景

HOUSE VISION 是一项关于未来家居的展览项目，截至目前，已经举办过三届展览。2018 年的"CHINA HOUSE VISION 探索家——未来生活大展"在北京鸟巢开展，该展览着眼于中国目前居住环境中的一些问题，将现代科学技术与人类的智慧相结合，10 个展馆向人们展示了未来生活的 10 种可能性，其中的一种可能性就是："你的家 /Infinite Living"。"你的家 /Infinite Living"是"CHINA HOUSE VISION 探索家——未来生活大展"8 号展馆，是设计师 Crossboundaries 联合 TCL 共同完成的展馆。

中国的大部分人口都生活在中、高层的住宅楼当中，其简单划一的户型，难以满足新的家庭单元、数字游民、共享居住或共享办公社群的需求。因此，设计师 Crossboundaries 畅想了一种能够更加积极回应人的需求、更灵活多变的住宅——"你的家 /Infinite Living"，设计展示了家与未来科技相结合，使居住者享受到居住空间的无穷变化。

（二）智慧模式应用分析

"你的家/Infinite Living" 的设计采用了分类设计、模块化设计的设计手法。根据人们家庭生活的几大类核心内容，设计师构想了不同技术发展程度下的居住空间："你的家1.0""你的家2.0" 和 "你的家3.0"。家庭生活的几大类核心内容对应空间内部的几大类区域：睡眠——充电区、烹饪与进餐——填充区、盥洗——更新区、工作与学习——升级区、放松——待机区、锻炼和聚会——活力区和娱乐区。"你的家1.0" 空间设置可移动的墙体来调节内部空间的体量，电视不仅仅是人们接收视听信息的显示屏幕，更是连接虚拟与现实的窗口。从 "你的家1.0" 到 "你的家2.0"，再到 "你的家3.0"，新技术让模块化的空间内部更灵活。"你的家3.0" 空间根据人们的个性化需求将空间设置可个性化的模块，纳米材料的智能表层可以让人们根据需求自行定制家庭功能。人们也可以将居住偏好预先储存为数据，在其他任何装备了智能系统的居所按照自己的居住偏好设定空间内部形态。

四、天津万科怡园养老中心

（一）项目背景

天津万科怡园养老中心原本是一座废弃的办公楼，总共5层，建筑面积约8 000 m²。项目将其改造为养老中心，原来的空间结构无法满足老年人居住的需求，采光闭塞，结构混乱，缺乏人文情怀。因为建筑本身的结构属性不一样，所以改造难度也比较大。但设计师仔细分析了老年人对于养老中心的空间使用需求，将空间进行了合理高效的适老化改造，兼具人文与实用价值。

（二）空间分析

1. 私人居住空间

私人空间整体以白色搭配暖黄为主，在色彩上营造轻松明快和温馨舒适的氛围，并且在家具的配色上也采取暖白搭配，让整个空间的色调统一。具有圆角的人性化家具设计，也让空间更加柔和。为了拉开私密区域和公共区域的跨度，在过渡区域设置了服务区和休息区，既满足了老年人私密安静的需要，也可以让服务人员快速服务到私密和公共区域的老年人，保障了服务的效率。

为了适老化需求，设计师设计了很多小细节，比如防滑地胶、墙上的扶手、转角处柔和的处理、宽敞的过道和方便的电梯，可以满足老年人各种适老需求，同时加上温馨的配色和阳光的交错，给老年人心理上带来一种放松感。

为了让老年人卧室方便采光，设计师设计了环状的布置，让光线最大程度地照射进老年人的房间，同时为了让老年人可以及时得到后勤保障，后勤配套空间的位置则是以靠近卧室为主，这样减少了服务人员在空间的走动，保障了服务效率。

2. 公共生活空间

为了让公共空间和卧室得到有效的采光，设计师将中间层打通，形成一个非常宽阔且优美的中庭，让养老中心明亮和温馨。同时一层的老年人也可以和二层的老年人互动，这样整个空间也变得生动了。

为了让空间有人情味、有内涵、有记忆点，设计师在中庭加入了天津文化元素"院"。一提到"院"，老年人就不由自主地回想起年轻时期或者童年时期点滴的故事，在这样的养老中心建立"院"文化，融入一些天津的地域元素、建筑形态，老年人就会被这些元素和场景所吸引，这样，独特的空间就有了情感和包容的属性。

为了打破建筑的严肃性，设计师在中庭设计了"树"，减少了空间中的硬气，让空间有了一些自然的气息，加上周围有阅读区、休闲区、棋牌区等，给人营造一种温馨而舒适的空间感受。软装上有中式实木家具、现代皮质家具，不同风格的家具也让整个空间充满了人文情怀。

怡园的设计以人为本，从人的精神内核出发，关注老年人的心理变化，从颜色的选取和细节的考量，再加上天津"院"文化的融入，展现了它的高品质和高内涵。虽然是养老改造空间，但设计师重新规划了空间的形态，使空间传达出情感。只要不断从多个维度去分析老年人的需求，并在此基础上用心设计，那老年人的居住空间就会更加安全和舒适。

参考文献

[1] 凤凰空间·华南编辑部. 养老社区设计指南 [M]. 南京：江苏凤凰科学技术出版社，2019.

[2] 福建省建筑设计研究院有限公司. 福建省住宅适老化设计标准 [M]. 福州：福建科学技术出版社，2018.

[3] 李岩. 全球老龄化背景下老年住宅室内设计研究 [M]. 长春：东北师范大学出版社，2017.

[4] 刘正权，胡国力. 居家适老化设计与评价 [M]. 北京：中国建材工业出版社，2021.

[5] 蒂尔顿，程松. 银龄之春 养老建筑设计 [M]. 葛晓俐，尚飞，译. 沈阳：辽宁科学技术出版社，2018.

6] 王友广. 中国居家养老住宅适老化改造实操与案例 [M]. 北京：化学工业出版社，2018.

[7] 斯科特·鲍尔. 老龄化宜居社区设计 [M]. 武汉：华中科技大学出版社，2016.

[8] 周军. 养老建筑设计现状与发展趋势研究 [M]. 长春：吉林大学出版社，2019.

[9] 张玫英，鲍莉. 老得其所 城市既有社区适老化更新实验设计 以南京为例 [M]. 南京：东南大学出版社，2019.

[10] 戴大方. 居家养老模式视角下的适老化住宅设计分析 [J]. 工业设计，2021（10）：93–95.

[11] 惠巧研，梁益. 安全型适老化卫生间设计研究 [J]. 住宅产业，2021（08）：76–79.

[12] 蒋芸池. 基于适老化的住宅室内设计研究 [J]. 大观，2021（09）：49–50.

[13] 李好明. 关于住宅建筑适老化设计的思考 [J]. 建筑技术开发，2021，48（05）：39–40.

[14] 刘轲. 城市既有住宅适老化改造设计策略探究 [J]. 工程抗震与加固改造，2021，43（02）：167.

[15] 魏计云. 城市住宅室内空间适老化设计中的艺术与科技 [J]. 流行色，2021（07）：18–19.

[16] 李丹. 基于内装部品适老化的老旧住宅卫生间适老化改造研究 [D]. 秦皇岛：燕山大学，2020.

[17] 秦岭. 居家适老化改造的实践框架与方法研究 [D]. 北京：清华大学，2021.

[18] 任慧敏. 既有多层住宅阳台改造再利用优化设计策略研究 [D]. 西安：西安建筑科技大学，2021.

[19] 杨智凯. 老旧住宅增设电梯及其关联环境空间设计策略 [D]. 成都：西南交通大学，2021.

[20] 张晓文. 适老化视角下老旧社区公共空间更新设计研究 [D]. 北京：北京林业大学，2021.

[21] 张亚平. 居住外环境适老化设计研究 [D]. 镇江：江苏大学，2021.

[22] 白琴琴. 5G 时代智慧养老模式下居住空间设计研究 [D]. 徐州：中国矿业大学，2021.

[23] 方卓文. 需求导向视角下社区适老化改造实现路径研究 [D]. 上海：上海工程技术大学，2021.